DESIGN OF

4 CHAIRS

王受之 著

41 把椅子的故事

为坐而做

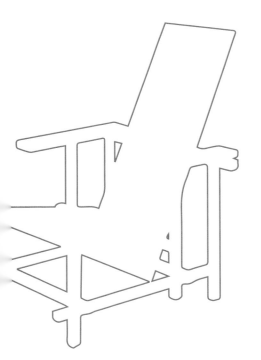

人民美术出版社

北 京

图书在版编目（CIP）数据

为坐而做：41把椅子的故事 / 王受之著. -- 北京：
人民美术出版社，2021.3
（身边的设计史）
ISBN 978-7-102-08686-6

Ⅰ . ①为… Ⅱ . ①王… Ⅲ . ①椅－设计 Ⅳ .
①TS665.4

中国版本图书馆CIP数据核字(2021)第040786号

身边的设计史
SHENBIAN DE SHEJISHI

为坐而做——41把椅子的故事
WEI ZUO ER ZUO——41 BA YIZI DE GUSHI

编辑出版　人民美术出版社
　　　　　（北京市朝阳区东三环南路甲3号　邮编：100022）
　　　　　http://www.renmei.com.cn
　　　　　发行部：（010）67517602
　　　　　网购部：（010）67517743
插图绘制　王受之
责任编辑　沙海龙
特约编辑　黄丽伟　LILY
装帧设计　翟英东
责任校对　王梽戎
责任印制　宋正伟
制　　版　朝花制版中心
印　　刷　雅迪云印（天津）科技有限公司
经　　销　全国新华书店

版　次：2021年4月　第1版
印　次：2021年4月　第1次印刷
开　本：710mm × 1000mm　1/16
印　张：14
印　数：0001—3000册
ISBN　978-7-102-08686-6
定　价：88.00元
如有印装质量问题影响阅读，请与我社联系调换。（010）67517812

前　言

在我刚刚出道做设计工作的时候，被称为"工艺美术"的设计并没有地位，社会秩序恢复也就几年时间，我们对外部世界一无所知，更惶谈"设计"。由于经济发展，也加上我们这群人的推动，"工业设计"这个概念慢慢才在国内蔓延开来。

大概从 20 世纪 80 年代开始，人们对"设计"的兴趣开始突然浓厚起来，我是因为动手写最早的《世界工业设计史略》那本小书，也从照片上熟悉了一些经典的现代作品。

1984 年，我第一次应香港理工设计学院院长 Michael Farr 和理论系教授 Matthew Turner 的邀请去学院讲课，好多在香港理工大学教书的外国人和香港人来听课。傍晚，负责室内设计课程的一个精致的女老师 Magarent Yam 请我和设计系的好多老师去她在香港西贡附近清水湾的家里做客。她家是那种英语叫作"townhouse"的联排别墅，两层楼，后面有一个不大的院子，晚上在院子里可以看见海湾。家里有几把椅子，有密斯·凡·德·洛的"巴塞罗那椅子"，有马谢·布鲁尔的"瓦西里椅子"，还有查尔斯·依姆斯的躺椅，实在是精彩。那是我第一次看见书上面的精品家具在家庭里使用，有点惊异。20 世纪 80 年代，可以说是设计的大兴时期，设计渗透到生活的各个层面，并影响着人们的消费习惯。我到美国之后，也看见越来越多的人买这些现代主义时期的经典家具，方知道设计已经不仅仅是博物馆里的东西，而是日常生活的内容。我自己是做设计和设计理论的，自然有种满足感和成就感。

到了 20 世纪 90 年代，这种情况就越来越普遍了，现代主义时期的经典已经不足以满足白领阶层的需要，因而新的设计层出不穷，并且普及得很快。设计在我年轻的时候，还是一个近乎时尚的东西，到了 20 世纪 90 年代以后，就成为生活的一个组成部分了，有教育背景的、收入中等以上的人，都希望自己的用品是出自知名设计师之手，因为设计是文化的组成部分，这样的发展，实在很让人高兴。

我的童年和青年时期的前半段是在国内匮乏物质的背景下度过的，什么都缺乏，衣食住行均不足，没有多少身边的设计。我父亲原来在广州的一个艺术学院教书，1953 年全国"院系调整"，把中南大区的几个艺术学校合并一起，迁移到武昌，因此全家离乡背井到了华中，在新成立的艺术学院大院里住了接近二十年。那些年，我们全家跟大部分周围人一样一直处于物质匮乏状态，所有的家当仅仅是父亲从广州带过来的那些新中国成立前在广州、香港买来的小玩意。一台 1930 年的日本三菱电风扇一直安静地扇到 21 世纪，一张 1940 年在广州做的有典型 Art Deco 风格的书桌也用到现在，酸枝木的沙发已经分崩离析，一个真空管的大收音机—唱片机组合也变成了茶几。如果说起"身边的设计"，那些学院配给的藤椅、简陋的木桌、木凳、衣柜，还有竹编的开水瓶套、搪瓷脸盆等陪伴我们几十年，但它们只有功能，形式简朴，更不知道是什么人做的了。改革开放初期，虽然物质越来越容易获得，但是依然生活在一个比较单一的圈子里。直到 1987 年，我到美国工作，突然感到身边设计的范围大了起来，而自己对于设计史的理解也有了新的认识，同时也扩大了自己的眼界，"身边的设计"全部立体起来。这个经历实在很震撼，也很令人高兴。

去年，我在洛杉矶的一个研究设计理论的朋友约我去他在圣塔莫尼卡的家里坐坐。桌上放水果的托盘很特别，好像一个杂乱无章的鸟巢一样，这是巴西设计师的作品，我知道那两兄弟叫费尔南多·堪帕纳（Fernando Campana）和汉别多·堪帕纳（Humberto Campana）。这个金属"花篮"是一堆金属段组成的，好像完全没有规则的一堆铁丝网一样，有点像北京奥运会的主场地的那个由瑞士建筑师赫尔佐格等人设计的"鸟巢"，但更加杂乱无章，全部是用直线条的铁丝构成的。这个花篮其实是一套系列中的一个，系列里面还有雨伞篮、桌子，都采用这种"鸟巢"结构，很具有娱乐性，由意大利著名品牌阿列西（Allessi）出品，价格不便宜。其实，有一点我们很喜欢的就是这个系列都是用回收材料做的，英语叫作"recycled material"，这是很环保的材料，因而更加受到知识界的推崇。我当时想：如果北京奥运会的体育中心不是耗费这么多优质的钢材，而是用回收材料钢材做的，那个建筑肯定就会得到全世界的称颂了。那天聊天，居然就这个话题和设计师堪帕纳兄弟谈了半天，得出两个共识：杰出的设计、再生材料的使用，都是现在白领中最热衷、最受欢迎的题目，这个设计自然就成为杰作了。我曾经在国内讲课的时候用这个"鸟巢"做过例子，于是大连有一位平面设计师从英国给我带来一个作为礼物，我就放在广州家里了。

设计的发展，其实历史很短。第一次世界大战以前，设计还是被视为以功能为核心的活动，主要满足人们的用具需求。设计从英国开始，到德国和欧洲其他国家，再到美国，二战后到日本，算算也就一百年吧。从维也纳分离派的约瑟夫·霍夫曼（Josef Hoffmann）出现开始到格拉斯哥的查尔斯·雷尼·马金托什（Charles Rennie Mackintosh）再到美国的佛兰克·芝埃德·莱特（Frank Lloyd Wright），也就是几十年的时间，已经出现了那么多优秀的设计，而到了艾林·格雷（Eileen Gray），朗·阿拉德（Ron Arad），作品已经充满了现代的灵气。反观现在我们生活中的设计，从诺基亚到索尼，从宝马到奥迪，设计渐渐充斥我们生活的方方面面，成为我们生活的形式和内容。这种变化速度，就我们这些从事设计历史研究的人来说，真是目不暇接，一个专题还没有做完，新的专题又涌现了。在这个发展过程中，我们的消费者的心态也在迅速变化，对设计的认同越来越强烈了。

设计和生活的密切关系，没有比北欧地区的设计表现得更加强烈了。北欧地区对于生活的认识，对于自然的热爱，使得他们在设计的时候特别强调人和物的关系。除了完美的功能之外，更加强调心理的和谐，特别是家居用品的设计，简直达到其他国家难以企及的高度，也为世界设计界树立了很好的典范。

品牌是一个心理满足、自我认同的载体，我们现在熟悉的产品品牌有上百个，著名的设计师也有几百个，大师中有我很喜欢的，像芬兰的家具大师阿尔瓦·阿图（Alvar Aalto）、埃罗·埃尼奥（Eero Aarnio），德国年轻的设计师韦尔纳·阿斯林格（Werner Aisslinger），意大利的佛朗哥·阿比尼（Franco Albini），英国很另类的设计师朗·阿拉德（Ron Arad），英国家具设计师巴伯·奥斯格比（Barber Osgerby）和赛巴斯蒂安·伯涅（Sebastian Bergne），意大利产品设计大师马里奥·贝里尼（Mario Bellini），瑞典工业设计师伯纳多特（Sigvard Bernadotte），美国家具设计师杰佛里·波涅特（Jeffrey Bernett）、哈里·别尔托亚（Harry Bertoia），瑞士工业产品设计师西桥瓦尔德·马克斯·比尔（Max Bill），好多好多。

著名品牌中也有好多我喜欢的，如意大利的阿列西（Alessi），意大利汽车阿尔法·罗密欧（Alfa Romeo），英国的阿斯顿·马丁（Aston Martin）汽车，德国的汽车品牌奥迪、宝马、大众和奔驰，德国工具品牌阿尔菲（Alfi），德国的塑料用品公司奥森提克（Authentics），德国家庭和办公用品品牌布劳恩（Braun）、BEGA（百嘉），意大利家具品牌阿丽亚斯（Alias）、阿佛列克斯（Arflex）、B&B Italia、Baleri Italia，西班牙的家具品牌 BD Ediciones，意大利的灯具品牌 Artemide，美国苹果电脑公司（Apple），芬兰的陶瓷厂商阿拉比亚（Arabia），荷兰的家具品牌阿特佛特（Artifort），丹麦音响品牌 B&O（Bang & Olufsen），瑞士灯具品牌 Belux，意大利设计事务所贝尔通（Bertone），丹麦自行车品牌奥美加（Biomega）等。如果一个个讲，大概可以写一本书了。

当年要找到这些设计师和设计品牌不容易，要一个一个地去搜索资料，现在设计普及化了、时尚化了，要了解这些品牌和著名的好设计不难了。不但有好多参考书可以查阅，商店里也可以见到越来越多经典的设计，如果没有机会经常逛那些品牌店，就买一本英国的 Merrell 出版公司出版的由伯恩德·波罗斯特（Bernd Polster）、克劳蒂亚·纽曼（Claudia Neumann）、马度斯·舒勒（Markus Schuler）和弗雷德里克·列文（Fredirck Leven）合作的著作《现代设计大全》（*The AZ of Modern Design*），按图索骥，大部分好的作品基本尽入书中，有多方便啊！

　　几十年以来，我一直是一个在大学中教设计的教师，也写设计理论、设计历史的书籍，其中有好多都成为考试的参考书。我习惯从历史、理论角度来看设计，这样的角度，其实使得自己的消费者角色变得弱了。因此，当人民美术出版社编辑约我写一套《身边的设计史》丛书的时候，反而感觉有挑战，是因为自己不熟悉从这个角度来看问题。这套书让我一下子回到了消费者、使用者的身份，一本一本地编写，有些问题豁然开朗，自己也变得快乐起来。从衣食住行开始，延伸到我们生活的方方面面，加上一些自己的手绘图和速写，很开心。

　　写到这里，我想这套丛书的目的可能已经开始清晰起来了：讲我们身边具有意义、具有影响力，甚至是值得使用的和收藏的设计产品，从衣食住行开始，延伸到各个方面，每本书都有几十篇文章，并配上手绘插图和照片，希望大家从轻松的阅读中了解到这些设计的背景知识和故事。

　　设计是为生活的，而生活不只是活着，应是具有意义地活着，正是设计给予生活意义。因此，说设计生活，恰恰是回归了设计本身的目的。

王受之

2018 年 12 月 21 日星期五，于中国香港

目　录

◯1 桑纳 14 号椅子
——"椅子中的椅子"

对于大多数人来说，这把名为"桑纳"的座椅，无非是一把轻巧结实的藤编椅子而已，其实，这把椅子无论从哪个角度来看，都是经典和现代过渡时期的代表作。换句简单的话来说吧：现代家具设计从它开始。

桑纳椅子的设计师名叫迈克·桑纳，1796 年出生在德国莱茵河畔的小镇波帕尔德（Boppard am Rhein, Germany）。小时候曾跟随父亲——当地一位著名的制革匠人学手艺，后来还当过木工学徒，1819 年自己开业做柜子。

早在 1830 年，迈克·桑纳就开始试验用叠合多层木片，经过加压弯曲，再用胶水定型的加工方法来制作家具，终于在 1836 年成功地制造出第一把弯木椅子，叫"波帕尔德椅子"（德文叫"Bopparder Schichtholzstuhl"，相当

桑纳 14 号椅子

桑纳椅子实景

于英语中的"Boppard layerwood chair")。为了能够批量生产这种弯木椅子，他设法收购了胶水工厂"米切斯穆勒公司"。要推广自己的弯木技术就必须要申请专利，1837年间，桑纳曾设法在德国、英国、法国、俄国申请，但是都不成功。于是，他回过头来全力改进自己的椅子，用热蒸汽来弯木，材料则选择更细一点、轻一点、结实一点的木条，终于做出了更加优雅、轻巧、美观的桑纳椅子来。掌握了新技术之后，他继续设计了整套采用这种技术生产的系列家具，时髦、漂亮、典雅，又能够批量生产，完全摆脱了以前各种弯木椅子的笨拙、沉重感，在当时是实用的功能和美观的形式结合得最好的典范。这批"波帕尔德椅子"刚一投放市场，立即受到热烈的欢迎。

1841 年，他把自己的弯木家具送到德国的科伯林兹交易会，在那里遇到奥地利亲王克莱蒙兹·莫滕尼克（Prince Klemens Wenzel von Metternich,1773—1859），亲王非常喜欢桑纳椅子，邀请他去维也纳宫廷做展示。1842 年，桑纳带了全套作品去维也纳皇宫展出，深得皇室成员喜欢，当即获得一大批订单。随后，桑纳带着全家移居维也纳，在那里从事家具设计和室内设计。

1849 年，桑纳建立了自己的家具公司——桑纳家具公司（Gebrüder Thonet）。1850 年设计了桑纳 1 号椅子，这把精致、典雅的弯木椅子被选送参加 1851 年在伦敦举行的第一届世界博览会并获得铜牌。这是他的设计第一次获得国际认可，也为桑纳椅子进入国际市场打开了大门。回到维也纳之后，桑纳继续改进自己的椅子，使之更加轻巧、优雅、结实，线条更加流畅，同时加速批量生产。1855 年在巴黎的世界博览会上，经他改进后的新桑纳椅子获得了银奖。这时桑纳椅子已经成了国际市场中热销的产品了。1856 年，桑纳在摩拉维亚的科里查尼（Koryčany, Moravia，在今日捷克东部），改用性能更好的山毛榉木生产桑纳椅。 最著名的桑纳椅子，是 1859 年设计、生产的专供咖啡馆用的桑纳 14 号，德文叫 "Konsumstuhl Nr·14"。这把优美、流畅、轻巧的椅子，被誉为"椅子中的椅子"，经久不衰，到 1930 年为止已经生产了 3000 万把。1867 年举办的巴黎世博会上，桑纳 14 号椅子荣获金奖。所以说在现代设计史的开篇之作中，最重要的椅子就是桑纳 14 号椅子（Thonet chair, No·14）了。

我第一次看见桑纳 14 号椅子，是在一张法国建筑师勒·柯布西耶的照片上，他坐在桑纳 14 号上写文章。我有点好奇的是：这位现代主义大

桑纳椅子可以拆分包装，方便运输

德国设计师　迈克·桑纳（Michael Thonet，1796—1871）

师喜欢桑纳 14 号，而没有用当时流行的、他自己也设计过的钢管椅子。1995 年，我到美国新现代主义建筑师理查德·迈耶 （Richard Meier, 1934— ）的事务所去，发现他的办公室也放着桑纳 14 号，那把椅子很轻巧，却非常结实，最重要的是坐在上面非常舒服，具有手工艺制作的特点，却是批量化生产的，手工艺和工业化生产能够结合得这么好，在现代设计中真不多见。

迈克·桑纳在 1871 年过世，那时候他的公司已经在整个欧洲，以及在美国的纽约和芝加哥都设立了销售点，成为当时最具有现代市场规模的家具公司之一。现在，位于德国赫斯地区的佛兰肯堡（Frankenberg, Hesse）的桑纳老工厂成了桑纳家具博物馆，在那里可以看到桑纳家具，特别是桑纳椅子的发展过程。维也纳的应用艺术博物馆（Museum of Applied Arts, MAK Vienna）有完整的桑纳设计作品展示，可能这是全世界最大的一批桑纳家具收藏，其中最令人瞩目的还是那把大名鼎鼎的桑纳 14 号。

02 马克穆多椅子
——"工艺美术"运动的代表作

有一把美丽的椅子，线条柔顺，靠背装饰的是镂空雕花，一组舒展的植物纹样，像是在春风中摇曳的丛花。这种椅子极少在住家看到，一多半都是陈列在博物馆中的。设计师叫亚瑟·H.马克穆多（Arthur Heygate Mackmurdo，1851—1942）。这把椅子原本为餐厅而设计，并没有正式的命名，因此大家就把它叫作"马克穆多椅子"（Mackmurdo chair）了。

马克穆多在1883年设计的这把椅子，以深绿和深褐色为基调，架构采用桃花心木（Mahogany），坐垫以皮革包裹，手感舒适，轮廓分明。椅背由通雕的不对称植物纹样构成，既是一种装饰，本身也是椅子结构的一个部分。马克穆多椅子是在伦敦设计和生产的，是英国"工艺美术"（Arts & Crafts）运动的代表作。

英国的工艺美术运动，是现代设计中第一场大规模的设计运动，持续了几十年。这场运动源起20世纪50年代，其影响在将近四分之一个世纪里遍及欧洲和北美，对建筑、家具、纺织品、平面设计都产生了深远的影响。这场运动的领袖人物是约翰·拉斯金（John Ruskin，1819—1900）和威廉·莫里斯（William Morris，1834—1896），主要参与者有：建筑史家威廉·列萨比（William R.Lethaby，1857—1931）、设计师查尔斯·罗伯特·阿什比（Charles Robert Ashbee，1863—1942）、建筑师查尔斯·弗朗西斯·A.沃赛（Charles Francis Annesley Voysey，1857—1941）、画家爱德华·伯纳—琼斯（Edward

马克穆多椅子

Burne-Jones，1833—1898）、陶瓷艺人威廉·德·摩根（William De Morgan，1839—1917）、建筑师菲利普·韦伯（Philip Webb, 1831—1915）等。

　　19 世纪下半叶，在工业化发展的特定背景下，一小批英美建筑师和艺术家认为工业化、都市化给应用艺术以及整个社会都带来了灾难性的负面影响，主张重新发扬工业化之前的中世纪的英国社会精神。这场具有实验性质的设计运动，就是在拉斯金等人的思想影响下，为了抵制工业化对传统建筑、传统手工艺的威胁，复兴以哥特风格为中心的中世纪手工艺传统，通过建筑和产品设计体现出民主思想而发起的。

这场运动的目标之一，就是要将实用装饰提高到艺术的境界，将手工艺工匠提升到艺术家的地位。工艺美术运动主张努力提高生活用品的设计标准，使广大民众能够负担得起、使用好的设计。他们相信，不论是艺术的创造力本身，或是对艺术的应用，都能够改善人们的生活。他们反对机器美学，认定机械化生产是设计上的负面因素，而手工艺制作是用来与非人性的工业化生产对抗的武器，希望能在日益壮大的批量生产的工业世界里，为那些手艺精良的铁匠、木匠、织工保留一片天地。除了中世纪的哥特风格之外，工艺美术运动的建筑师、设计师们也从大自然寻求灵感，从日本风、安妮皇后风格等外域或以往的设计风格中汲取养分。

工艺美术运动不仅是一场风格流派的运动，更主张在社会主义原则下进行经济和社会的改革，反对工业化、都市化的社会模式。工艺美术运动遵循拉斯金的理论，主张在设计上回溯到中世纪的传统，恢复手工艺行会传统，主张设计的真实与诚挚、形式与功能的统一，主张在设计装饰上要师法自然。它们的目标是"诚实的艺术"，它们的设计内容包括建筑设计、室内设计、平面设计、产品设计、首饰设计，以及书籍装帧设计、纺织品设计、墙纸设计和大量的家具设计。

工艺美术运动的产品外形简洁，材料坚实，轮廓分明。设计师们喜欢采用一些手感丰富的材料，例如橡木、黄铜、麻料、皮革，甚至还有宝石。它们的色彩既丰富又柔和，常用的色调包括棕色、绿色、黄色、赭石、赤褐等。与维多利亚风格相似，设计师们也常从自然界汲取设计动机，但更强调平面的、二维的装饰效果，而且将这些装饰作为产品本身的固有部分，而不是粘贴上去的可有可无的点缀。它们在设计中常采用非对称手法，将对比强烈的材料并

马克穆多的纺织品设计纹样，刊登在1883 年《世纪行会玩具马》刊物上

置（例如粗糙的砖和光滑的瓦、粗粝的铸铁和精工雕刻的橡木）。

我第一次看见"马克穆多椅子"不是在英国，而是在帕萨迪纳的"汉庭顿图书馆"（Huntington Library）的美术馆中。那是 1883 年马克穆多在伦敦的原作，价值不菲，是由几个基金会（包括 MaryLou Boone, Max Palevsky and Jodie Evans, the Decorative Arts and Design Council, the Frances Crandall Dyke Bequest, the Schweppe Art Acquisitions Fund of Decorative Arts and Design）联合赞助买下了再捐给美术馆的。

工艺美术运动是从平面设计蔓延到产品设计的，马克穆多在 26 岁的时候认识了莫里斯，受到他的思想很大的影响，因而决心追随他进行工艺美术运动的设计改革。1878 年和 1880 年他两次到意大利旅游，对意大利文艺复兴时期的建筑和装饰进行了深入反复的研究和学习。他的速写本画满了这时期的各种建筑和装饰的细节。同时，他对于自然风格，特别是植物的纹样有浓厚的兴趣，也画了大量的植物速写。1882 年，马克穆多在伦敦领导一批年轻的设计师、画家、作家组成了自己的设计公司"世纪行会"（The Century Guild），其中包括插图画家西文·伊玛奇（Selwyn Image,1849—1930）、作家赫伯特·霍恩（Herbert P. Horne,1864—1916）和平面设计师等，这个"行会"的宗旨是要把商业化的平面设计和产品设计转变成为艺术性的。具体到设计上，它们广泛地采用意大利文艺复兴的设计风格，糅入日本的传统设计元素和主要取自植物的自然纹样，形成自己鲜明的设计风格。由于它们是比较早地广泛采用植物纹样作为设计主题的设计集团，那些线条弯曲流畅的植物图案很快成为下一场国际设计运动——"新艺术运动"的动机。因此，在某种意义上来说，"世纪行会"为"新艺术运动"的设计风格奠立了基础。

"世纪行会"于 1884 年出版了自己公司的刊物《世纪行会玩具马》（The Century Guild Hobby Horse），以推广、宣传和促进它们主张的设计风格和设计思想。阿瑟·马克穆多、赫伯特·霍恩、西文·伊玛奇经常在刊物上发表自己设计的作品，其中包括相当数量的平面设计作品。它们采用中世纪的装饰风格，吸收了日本浮世绘的某些特点，加上从植物纹样脱胎出来的抽象曲线图案，形成独特的平面设计风格。特别是马克穆多

英国设计师　亚瑟·H. 马克穆多（Arthur Heygate Mackmurdo，1851—1942）

的木刻版画平面设计，充满了自然纹样变形的抽象线条，流畅、生动，非常独特。他设计的墙纸图案，也有类似的特点。马克穆多还设计了"世纪行会"的商标，更加是集中世纪和文艺复兴装饰特点、自然纹样和东方装饰色彩于一体的典型代表作品。《世纪行会玩具马》每一期的封面和插图，都是由它们设计和创作的木刻作品，线条流畅，广泛采用植物的纹样和自然形态，传达了一种新的平面设计风格和新的艺术品位味，是英国"工艺美术"设计运动风格最典型的代表作品。

◯3 红蓝躺椅
——理想主义的风格派经典

如果要选出一把能够界定一场设计运动的椅子，那么荷兰设计师盖里·托马斯·里特维德（Gerrit Thomas Rietveld，1888—1965）的红蓝躺椅（Red and Blue Lounge Chair）肯定是首屈一指的。这把构成形式的作品，以鲜艳的红黄蓝色方格著称，把"风格派"画家皮埃特·蒙德里安（Piet Mondrian，1872—1944）的思想以立体形式表达出来，成了世界上最著名几把椅子之一。它已经成为博物馆级别的艺术品，常被人当作艺术品放在室内最突出的地方，强烈、抢眼。

这把椅子是荷兰"风格派"的最重要代表作品之一。20世纪初期的现代主义运动，除了在德国和俄国有较大规模的试验以外，荷兰的"风格派"（De Stijl）运动也是现代主义运动很重要的一支。它的创始人西奥·凡·杜斯伯格（Theo van Doesburg，1883—1931）本人曾到包豪斯教学，从而把这个荷兰的试验成果带到德国的现代主义中心，与俄国构成主义、德国现代主义结合，成为现代主义的

红蓝躺椅

盖里·托马斯·里特维德设计的施罗德住宅

重要组成因素。

　　第一次世界大战期间，荷兰作为中立国躲过了战争的蹂躏，为各国艺术家、设计师提供了一个庇护所。当时有很多艺术家，特别是前卫艺术家都来荷兰逃避战乱，如比利时艺术家乔治·凡通格卢（Georges Vantongerloo，1886—1965）、皮埃特·蒙德里安与罗伯特·凡德·霍夫（Robert van 't Hoff，1887—1979）等，一时人才济济。由于战争的原因，当时的荷兰基本不可能与欧洲其他国家联系。这批艺术家和设计师在几乎与世隔绝的情况下，开始从单纯荷兰的文化传统本身寻找参考，发展自己的新艺术。他们研究荷兰这个小工业国的文化、设计、审美观念，深入探索和分析，从中找寻自己感兴趣的内容，发展出来一种新风格，具有以下几个鲜明的特征：

（1）把传统的建筑、家具和产品设计、绘画、雕塑的特征完全剥除，变成最基本的几何结构单体，或者称为"元素"（element）。

（2）把这些几何结构单体，或者"元素"进行组合，形成简单的结构组合。但是，在新的结构组合当中，单体依然保持相对的独立性和鲜明的可视性。

（3）对非对称性的深入研究与运用。

（4）对纵横几何结构，以及基本原色和中性色特别强调、反复运用。

荷兰语的 De Stiji 有两种含义：其一是"风格"，但不是简单的风格，因为它具有定冠词"De"，是特指的风格；与此同时，Stiji 还有"柱子""支撑"的含义（post，jamb，support），常常用于木工技术上，指支撑柜子的立柱结构。这个词由杜斯伯格创造出来，作为这个运动的名称。它的含义包括运动的相对独立性——是结构的单体；也包括了它的相关性——是结构的组成部分；同时也有其合理性和逻辑性——立柱是必需的结构部件，而它只能是直立的，是把分散的单体组合起来的关键部件。将各种部件通过它的联系，组合成新的、有意义的、理想主义的结构是"风格派"的关键。通过建筑、家具、产品、室内、艺术，他们企图创造一个新的秩序和新的世界，而这个新世界的形式是与"风格派"的平面设计与绘画紧密相连，甚至是从平面中发展出来的。到 20 世纪 20 年代末，"风格派"已在国际上有了相当的影响，杜斯柏格认为可以把"风格派"的原则进一步推广到当时的艺术与设计运动中去，使它成为一种大风格。他开始主张"无风格"（Styleless），希望能够找寻到更加简单、更具国际性的语汇来建立国际风格的基础。他日益深入到减少主义的简单几何结构、没有色彩的中性色彩计划中，全力研究新的国际主义，逐渐成为世界国际主义设计运动的精神和思想的奠基人之一。他强调：

（1）坚持艺术、建筑、设计的社会作用。

（2）认为普遍化和特殊化、集体与个人之间有一种平衡。

（3）对于改变机械主义、新技术风格含有一种浪漫的、理想主义的乌托邦精神。

（4）坚信艺术与设计具有改变未来的力量，能够改变个人生活和生活方式。

荷兰设计师　盖里·托马斯·里特维德（Gerrit Thomas Rietveld，1888—1964）

　　"风格派"的风格，因几件流传甚广的作品影响世界。比如：蒙德里安 20 世纪 20 年代画的非对称式的绘画、里特维德的"红蓝躺椅"和"施罗德住宅（Schroder House）"、雅各布斯·奥德（Jacobus Johannes Pieter Oud, 1890—1963）的"联合咖啡馆"立面（Café de Unie Facade）、杜斯伯格和依斯特伦（Cornelis van Eesteren, 1897—1988）的轴线确定式（axonomeiric）建筑预想图等。

　　作为一个团体，"风格派"在 20 世纪 20 年代末期已经结束了，但如同德国的包豪斯一样，"风格派"为艺术创作和设计实践树立了一个明确目的。它努力把设计、艺术、建筑、雕塑联合并统一为一个有机的整体，强调艺术家、设计师、建筑师的合作，强调联合基础上的个人发展，强调集体和个人之间的平衡。

　　在"风格派"的主要人物中，"红蓝躺椅"的设计师盖里·托马斯·里特维德与建筑、设计的关系最为密切。他设计的作品虽不多，却都成了现代设计和现代建筑发展过程中具有里程碑意义的作品，如"红蓝椅子"（Red and Blue Lounge Chair）和"施罗德住宅"，以及后来设计的"闪电椅"等。因此他一直被视为现代建筑、现代设计中最重要的人物之一。

　　里特维德出生于荷兰的乌特勒兹（Utrecht），从小父亲就把他送去学做木匠，之后又让他学首饰设计，后来又转而学习建筑设计。1919 年，他当上了建筑师，同年加入了"风格派"团体，在 1919 年至 1928 年，基本从头到尾都参加了这个组织的活动。他在 1918 年设计的"红蓝躺椅"（也有说是在 1917 年设计的），令他声名大噪。这张椅子已经具有后来"风格派"的特征了，用方形、长方形木条和木板，按模数组合，红蓝色非常鲜艳夺目。椅子具有高度立体主义象征特点，和"风格派"的领导人物蒙德里安的绘画具有很多内在的联系。这个作品和蒙德里安的画一样出名，也奠定了里特维德在"风格派"内的重要位置。他在 1918 年成立了自己的家具工厂，生产自己设计的产品。

　　里特维德重要的贡献还在于他把"红蓝躺椅"的风格延伸到建筑上。1919 年，里特维德开始设计建筑，他设计的第一栋住宅，就是大名鼎鼎的施罗德住宅，他在 1924 年和业主特鲁斯·施罗德—施拉德夫人（Mrs. Truus Schröder-Schräder, 1889—1985）

密切合作，精细设计了这栋建筑。该建筑位于荷兰乌特勒兹市韩德里克兰路 50 号（the Prins Hendriklaan 50, Utrecht）采用了框架结构，平屋顶，建筑无论是外立面还是室内空间，都具有立体构成的形式，并且在外立面用纵横方格形式构筑，色彩上用白色和鲜艳的红黄蓝色，完全是蒙德里安绘画的建筑表现。室内的家具也是里特维德设计的，与建筑风格一致。这个作品问世之后，引起全世界现代设计界广泛的兴趣，它比格罗佩斯的德绍"包豪斯"校舍早一年，比密斯·凡·德·洛的巴塞罗那世博会德国馆早 4 年，比密斯的"图根哈特住宅"（Villa Tugendhat in Brno, Czech）早 5 年，比勒·柯布西耶的"萨沃伊住宅"（Villa Savoye, Poissy-sur-Seine）早 3 年，比佛兰克·莱特的"流水别墅"更是早出 17 年，在现代建筑史上的地位不言而喻。这栋建筑于 2000 年被列为世界文化遗产。

1928 年，里特维德离开了"风格派"，转向比较不那么讲究构成形式、更加注重功能的家具与住宅设计，逐步成为荷兰现代建筑运动（称之为：Nieuwe Zakelijkheid，或者 Nieuwe Bouwen）的成员之一，继续推动荷兰的现代建筑和设计的发展。这一年他参加了国际现代建筑大会（Congrès Internationaux d'Architecture Moderne），并且设计出著名的"闪电椅子"（"Zig-Zag" chair）。

第二次世界大战后，里特维德成了名家，继续设计住宅，主要作品是在乌特勒兹市设计的百多栋住宅。比较出名的作品还有在海牙设计的米兹公司大楼（Metz & Co. Hague）、荷兰泽斯特市慕泽克学校校舍（Muziekschool Zeist, 1932），以及在他去世之后才建成的阿姆斯特丹凡·高博物馆。

里特维德于 1964 年去世。现在阿姆斯特丹的著名设计学院——盖里·里特维德学院（Gerrit Rietveld Academie），就是以他的姓氏命名的。我曾经去这个学院参观，学校入口处摆放着一把"红蓝躺椅"，令人思绪万千。

◎4 瓦西里椅子
—— 从自行车把手获得的灵感

    说起马谢·布鲁尔（Marcel Breuer, 1902—1981）设计的"瓦西里椅子"（Wassily Chair），在设计圈子里，恐怕是无人不晓、无人不知的。这是世界上第一把钢管椅子，体现了包豪斯对"融艺术和工业为一体"这一目标的追求，标志着现代家具设计一个新时代的开启。

    设计上的革命性突破，通常总是由新材料、新技术、新工艺催生的，这把椅子也不

世界上第一把钢管椅子——瓦西里椅子

瓦西里椅子使用实景

例外。

正是由于德国钢铁企业"曼尼斯曼"公司（Mannesmann）发明了无缝钢管的生产技术，并发展出了一套钢管加工的新工艺，保证了无缝钢管在弯折加工的过程中不会变形、爆裂，才使得"瓦西里椅子"的诞生成为可能。1925 年至 1926 年，时任包豪斯木工作坊指导教师的马谢·布鲁尔从自己的自行车把手上获得灵感，尝试着将这种新工艺运用到家具设计上去。

椅子设计出来之后，最初是由率先生产弯木椅子的著名厂商——桑纳公司（Thonet）小批量生产的，当时被命名为 B3 型（Model B3）扶手椅。起初做成两种规格：一种是可折叠的，一种是固定的。椅子的坐垫、靠背和扶手所用的宽带，是用纺织品缝制的，在反面用弹簧拉紧，颜色有黑白两种。后来则用金属丝网衬底的纺织品制作，以增加椅子承重的强度。

长期以来，一直传说这张椅子是布鲁尔从包豪斯毕业时为该校教员、著名的抽象画家瓦西里·康定斯基（Wassily Kandinsky, 1866—1944）设计的，所以叫作"瓦西里椅子"。事实上，布鲁尔在 1925 年设计这把椅子时，已经是包豪斯的教员了。他后来的确因为康定斯基很喜欢这把椅子，曾送了一把给这位著名的画家，但这款椅子被命名为"瓦西里椅子"则是 20 世纪 50 年代初期的事情了。

由于战争，桑纳公司停止了 B3 型椅子的生产，当意大利家具公司伽维纳（Gavina）获得许可，重新将这款椅子投入生产的时候，将原来的纺织品宽带更换成皮革制品，除了黑白，还增加了深棕色的选择。由于了解到康定斯基和这款椅子的渊源，将椅子更名为"瓦西里椅子"。1968 年，美国诺尔家具公司（Knoll）收购了伽维纳公司，获得了"瓦西里椅子"的冠名权，于是，这个名字就随着诺尔公司的影响日益增大而广为人知了。

"瓦西里椅子"是现代家具中的经典，不仅因为它的材料、它的加工方式，还因为它用非常简明的结构、单纯的色彩，营造出相当富于变化的外表来。不论是陈列在世界各地的博物馆里，还是摆放在办公室或家居的客厅里，它总能在众多家具里脱颖而出，抓住你的目光。现在，这款经典椅子仍然活跃在生产线上，世界上许多其他的家具公司也在生产这把椅子，国内也有一些厂家仿制，虽然其设计专利已经过期，但他们只能冠以其他的名称，而不能称为"瓦西里椅子"。

马谢·布鲁尔在一次接受诺尔公司历史学者的采访时，曾经谈到他设计这把椅子的一些情况：

"当时我才 23 岁，刚刚买了属于自己的自行车。我和一些年轻朋友谈起这辆自行车，觉得自行车一定是一种非常完美的产品，所以才会在过去的二十多年，甚至三十多年里没有什么改变。我的一位建筑师朋友提醒我要注意一下自行车的加工方式，他说'你没看看这些零件是怎么加工的吗，看看自行车的把手——它们弯而不折，就像一根通心粉'。

他的话给我留下深刻的印象，我开始设想如何将钢管弯成各种形状，需要弯得很平顺，不能留下任何焊接的痕迹。最终，我想到了用钢管来制造椅子。

刚刚开始的时候，我还有点怕别人笑话，所以我没有告诉任何人，只是自己在工场里不断地试验。有一天，不记得康定斯基是为什么来到我的工场，看到刚刚做好的第一个椅架，他问我，'这是什么？'我告诉他这是一把椅子，他表示非常喜欢。椅子生产出来以后，学校师生都很兴奋，一年以后，整个学校里到处都摆放着这款椅子了。"

马谢·布鲁尔（ Marcel Breuer, 1902—1981 ）

　　马谢·布鲁尔出生在匈牙利，毕业于包豪斯设计学院，是一位著名的现代主义建筑师、设计师。家具设计是他的强项，他的早期家具作品具有相当强烈的德国表现主义艺术特征，对简单的原始主义（Primitivism）设计也非常感兴趣。他还受到荷兰"风格派"设计师里特维德的影响，作品具有明显的立体主义雕塑特征。布鲁尔在包豪斯设计的家具，初期大多是以木头为材料，采用标准化构件，外形是简单的几何形。后来，他设计了"瓦西里椅子"等一系列杰出的钢管家具，包括椅子、桌子、茶几、书架等，并率先采用镀铬工艺来装饰金属家具。在这之后，钢管家具简直成了现代家具的同义词，风行几十年，历久不衰。布鲁尔在第二次世界大战全面爆发前夕移民到美国，继续在他的老校长格罗佩斯的领导下工作，担任哈佛大学建筑学院的教员，影响了好几代建筑师，华裔设计师贝聿铭（I.M.Pei, 1917—2019）就是他最杰出的学生之一。

⓪5 LC7 钢管转椅
——不应被遗忘的佩里雅德

Art Deco 风格现在风靡一时，国内好多房地产开发的楼盘直接用，不知道的人还以为是现代的时尚，其实接近百年前已经风靡过一次了。Art Deco 于 20 世纪 20 年代兴起，热了将近二十年，到第二次世界大战爆发后才逐步消退，现在附和着新兴的中产阶级又再次兴起，是"古老当时兴"最典型的例子。

论及法国"装饰艺术"（Art Deco）运动的设计大师，不能不提到女设计师夏洛特·佩里雅德（Charlotte

LC7 钢管转椅

Perriand，1903—1999）。这位从事建筑、家具、日用品设计的秀美女子，很早就用钢管设计现代家具了。1927 年，24 岁的她参加当年的巴黎秋季沙龙，在自己的展室里设计了一个"屋檐下的酒吧"（the Bar sous le Toit），内中有一把转椅，靠背和扶手连成一道滑顺的圆弧，用白色皮革包裹；椅子的结构用镀镍钢管和铝材制作，转轴下面是四

LC7 钢管转椅使用实景

个落地的钢管支架。这把典型 Art Deco 风格的椅子受到广泛好评，成为时尚，也引起了当时已经成名的勒·柯布西耶的关注，并正式邀请她到自己的事务所上班，负责设计室内和家具，两人开始合作，而这把椅子也成了后来著名的 LC7 转椅的原型。

说起佩里雅德和勒·柯布西耶的合作，其中还有一段插曲。1927 年 10 月，佩里雅德曾经去勒·柯布西耶事务所求职未果，原因是她在家具坐垫上用了刺绣装饰，而勒·柯布西耶有强烈的反装饰立场，他抛出一句冷冰冰的话："我们这里的坐垫是不加刺绣的"。不过佩里雅德还是留下了自己的名片才离去。这次与勒·柯布西耶见面的过程给她留下深刻印象，这样才造就了她后来发展出来的 Art Deco 风格，不装饰细节，而讲究设计整体的机械感、几何感。功夫不负有心人，几个月后，她终于走进了这间位于巴黎塞维利街 35 号（35 rue de Sèvres）的办公室，日后更成为这个团队的重要成员。

1928 年推出的 LC2 号扶手椅（the LC2 Grand Confort armchair）、B301 号躺椅（the B301 reclining chair）和 B306 号靠椅（the B306 chaise longue），虽然用了勒·柯布西耶的姓名缩写 LC 来命名，但却是佩里雅德、勒·柯布西耶及其事务所的另一位重要成员皮埃尔·让奈列特（Pierre Jeanneret, 1896—1967）合作设计的。这几把椅子都是为建筑配套设计的，也都成为那个时代法国最杰出的 Art Deco 风格现代作品典范。1929 年，佩里雅德在秋季沙龙（Salon d'Automne of 1929）举办了名为"居住的设备：架子、座椅和桌子"（Equipment of Habitation: Racks, Seats, Tables）的个人展，展出了一套公寓住宅的室内设计，包括一批拥有流线型外观，以玻璃、铝、铬等为主要材料，也是 Art Deco 风格的家具，由桑纳（Thonet）和卡西纳（Cassina）两家大公司出品。

巴黎出生的佩里雅德 1920 年在"装饰艺术学校"（Ecole de l'Union Centrale des Arts Dé coratifs）学习家具设计。1926 年婚后，和第一任丈夫一起设计自己的住宅，把住宅称之为"居住的机器"，这和勒·柯布西耶的提法不谋而合。1930 年她与丈夫离婚之后，曾先后到过莫斯科和雅典，并参加了国际现代建筑师大会（Congrès International d'Architecture Moderne，简称 CIAM）。这个时期里她先后为勒·柯布西耶设计的巴黎市立大学的瑞士学生宿舍大楼（Swiss Pavilion, 1930—1931）和救世军总部（Salvation Army headquarters project in Paris, 1932）大楼设计了家具和其他配套产品。

佩里雅德是一位非常勤奋的设计师。20 世纪 30 年代，她的设计朝更加平民化、大众化的方向发展，不刻意追求形式上的标新立异，更加注重起居舒适和使用方便。当时，她加入了一些设计界、艺术界的左翼组织，比如革命作家与艺术界协会（Association des Écrivains et Artistes R é volutionnaires），"文化之家"（Maison de la Culture），还在 1937 年参与创建现代艺术界联盟（Union des Artistes Modernes）。左翼立场对她的设计产生了很大的影响，比如她考虑到要让民众可以买得起，于是放弃钢管这种考究且比较昂贵的材料，转向用比较传统、廉价的木料做家具设计；她还采用手工方式制作，

女设计师 夏洛特·佩里雅德（ Charlotte Perriand ， 1903—1999 ）

希望能够给社会提供更多的就业机会。从她在 1935 年布鲁塞尔世博会上展出的设计作品中就可以明显地看到这个立场的变化。

佩里雅德在 1937 年离开了勒·柯布西耶事务所之后,和立体主义画家费尔南德·莱热(Fernand Léger, 1881—1955)合作,设计了当年巴黎世博会的法国馆,接着又设计了阿尔卑斯山区滑雪胜地萨瓦尔(Savoie)的度假区。不过,这个项目尚未完成,第二次世界大战就爆发了,她回到巴黎。1939 年,她和两位法国建筑师让·普鲁维(Jean Prouvé, 1901—1984)、皮埃尔·让奈列特合作,为解决战时的临时安置问题设计预制构件建筑。

战争期间,佩里雅德历经波折,颠沛流离。1940 年,她曾受日本通产省邀请,赴日担任工业设计顾问,但因为战争关系,很快她被日本政府宣布为不受欢迎的人而被驱逐出境。因为战争,她被困在越南,在那里遇到第二任丈夫,结婚生子。直到 1946 年,佩里雅德才得以回到法国。不过这趟远东经历,给她的设计风格带来了很大的变化。在日本逗留期间,她读《茶经》、品园林,日本设计的简洁精巧,特别是那种若有若无、隐隐约约的美感很打动她,她之后的设计都有这种影响的痕迹。

战后,佩里雅德在巴黎独立开业,仍保持了与许多著名建筑师、设计师的合作,参与了一些现代经典建筑作品的设计:1947 年,和列日合作设计了圣罗医院(Hôpital Saint—Lo);1950 年,受勒·柯布西耶的邀请,设计了著名的马赛公寓(Unitéd'Habitation apartment building in Marseille)的室内和家具,特别是这栋公寓的厨房和厨具;1951 年,设计了米兰三年展(Triennale di Milano)的法国馆,获得很高的评价;1953 年,设计了几内亚首都科纳克里的法国酒店(Hotel de France in Conakry, Guinea);1957 年,为联合国重新设计了日内瓦的旧国联大厦(League of Nations building);1959 年,开始参与勒·柯布西耶、巴西建筑师卢西奥·科斯塔(Lucio Costa, 1902—1998)在巴黎市立大学(Cité Universitaire in Paris)的布雷西尔大厦(Maison du Brésil)设计,她负责了整个室内部分的设计工作;1960 年,她和匈牙利裔的英国设计师恩佐·哥德芬格(Ernő Goldfinger, 1902—1987)合作设计了法国在伦敦皮卡迪利广场的旅游局办公楼

（French Tourist Office，Piccadilly）。

到 20 世纪 80 年代，佩里雅德的 Art Deco 设计已获得国际公认。1985 年，巴黎的装饰艺术博物馆（Musée des Arts Décoratifs in Paris）举办了她的 Art Deco 设计回顾展；1998 年，在伦敦设计博物馆（Design Museum in London）再次举办了她的 Art Deco 设计回顾展，同年她的自传《创造的一生》（*Une Vie de Création*）出版。

佩里雅德 1999 年在巴黎去世，她的一生应该说是相当完美了：她经历了现代设计、现代建筑、装饰艺术 Art Deco 风格兴衰的整个时代，并且还能够在 20 世纪末看到 Art Deco 再次兴起，她的设计再次得到肯定和流行。

⑥ 巴塞罗那椅子
——王者气派的经典

在 1929 年巴塞罗那世界博览会的德国馆中，有几把钢结构椅子，米黄色的皮革面，结构由钢片交叉弯曲而成，具有强烈的工业感；座椅的宽大设计，却具有很强烈的贵族气派。这把"巴塞罗那椅子"（Barcelona chairs）的设计者之一，是著名的德国建筑师路德维格·密斯·凡·德·洛（Ludwig Mies van

巴塞罗那椅子

der Rohe，1886—1969，常被称为"密斯"）。作品一问世，就成了经典。先是被纽约现代艺术博物馆收藏展出，之后在美国诺尔公司（Knoll）限量生产，成为世界现代设计最经典的作品之一，流行多年，迄今强势不衰。

1929 年，世界博览会在西班牙巴塞罗那举办，密斯受德国魏玛政府委任，设计这个国际博览会的德国馆（German Pavilion，也常被称作 Barcelona Pavilion），这是密斯在第二次世界大战之前最重要的建筑作品。虽然这是密斯集中体现自己设计思想的第一座里程碑建筑，但这座后来被简称为"巴塞罗那馆"的建筑，体量并不大，占地面积仅

巴塞罗那椅子使用实景

17 米宽、53.6 米长，整栋设计坐落在一个平台上，由场内和场外两个部分合成。建筑的顶部是钢筋混凝土薄型平顶，屋顶用镀镍的钢柱支撑。室内空间宽敞，仅仅采用浅棕粽色的条纹大理石、绿色的提尼安大理石和半透明的玻璃薄壁做了部分的分隔，以形成几个不同的展览区域；室外是一个长方形的水池，除在一端摆放了一座女性人体雕塑之外，没有任何多余的装饰。室内空间也完全不加任何装饰，只是摆放了几把他本人设计的钢结构椅子——"巴塞罗那椅子"。这把无扶手靠背椅，和德国馆的现代主义设计既有统一的地方，又同时具有强烈的贵族气质。德国馆的整体设计体现了密斯的功能主义立场和早期的极少主义倾向，同时也契合西班牙皇室的贵族气派。这一项目令密斯成为世界公认的设计大师——可以说，巴塞罗那国际博览会的德国馆是密斯设计生涯的重要转折点。

我们在很多文章中看到过对巴塞罗那椅子的描述，但是往往有几个容易混淆的地方，其中第一点，很多人说这把椅子是密斯设计的，其实设计师有两位：一位是密斯，另一位是德国产品设计师李丽·莱施（Lilly Reich，1885—1947）。因为莱施在战后初期去世，后人便以为密斯是唯一的设计人，其实是一个误解。第二点，很多人以为这把椅子是专为巴塞罗那世博会德国馆设计的，其实密斯设计的这把椅子是一个逐步发展起来的成果。最初的雏形出现在密斯设计的位于捷克布尔诺市（Brno）的图根哈特住宅（Villa

德国建筑师　路德维格·密斯·凡·德·洛（Ludwig Mies van der Rohe，1886—
1969，常被称为"密斯"）

Tugendhat）中，早先的钢片结构，是用铆钉连起来的；1950 年，他重新设计，才成为我们现在看到的这种不锈钢片焊接的结构。早先的椅垫皮革是象牙色（米黄色）的，重新设计的时候改成现在常见的波文涅黑色皮革（Bovine leather）了。中国美术学院几年前收藏了一批欧洲现代主义设计的产品，其中就包括初期铆接的原型椅，可以作为研究这把椅子设计过程的重要依据。第三个容易混淆的问题，就是认为密斯的这把椅子代表了纯粹的现代主义，是一把功能主义的产品，而功能主义就是耐用、大众化。我们说现代设计的经典作品，绝大部分是为大众设计的，希望能够给普通的中产阶级舒服、耐用的设计，但是巴塞罗那椅子则是其中一个特殊的例外，这把椅子是专门为参观巴塞罗那世界博览会的西班牙皇室设计的，希望给他们一个认识德国工业面貌的机会。这把椅子的设计动机来源于古罗马贵族使用的"库鲁斯折椅"（Curule chair），因此巴塞罗那椅子的设计是考虑以手工制作为主的，这把椅子从来都不便宜。如果用它来解释德国早期的现代主义设计，就不容易讲通了。

密斯·凡·德·洛和李丽·莱施设计了这把巴塞罗那椅子之后，曾经在德国、西班牙、美国注册专利，专利时间很短， 1930 年至 1950 年，巴塞罗那椅子在美国、欧洲用限量版的方式投产。莱施于 1947 年过世，1953 年密斯授权给美国大型办公室家具公司诺尔（Knoll）出产，之后诺尔虽然一直拥有在西方出产巴塞罗那椅子的版权，但是版权官司从未断过。这把椅子现在在几个不同的商标之下生产销售，国内市场也常见，是经典现代设计的标志性产品了。

现代主义经典椅子不少，其中有勒·柯布西耶（Le Corbusier, 1887—1956）、马谢·布鲁尔（Marcel Lajos Breuer; 1902—1981）的钢管椅子，也有荷兰风格派盖里·托马斯·里特维德（Gerrit Thomas Rietveld, 1888—1964）的红蓝躺椅，美国伊姆斯夫妇（Charles & Ray Eames）的椅子等。在我看来，众多的经典中，气派最大的，还是巴塞罗那椅子。

07 鹈鹕椅子
—— 内冷外热，终成经典

鹈鹕的大嘴既像一把大勺，又像一个漏斗，捕鱼的时候就用这个"大勺"在水里捞，捞到的鱼暂时放在"漏斗"里，等水"漏"出去，再吃鱼。鹈鹕的大嘴成了一个形式象征，远远看去，半只大鸟就是一张嘴。丹麦设计师芬·祖尔（Finn Juhl, 1912—1989）就用鹈鹕嘴作为动机，设计了一张两个手柄就像鹈鹕嘴的扶手椅，枫木架子，真皮包面，形式上很夺目。加上这把椅

鹈鹕椅子

子较低矮，坐起来非常舒服，一下子就成了经典。现在即便是用纺织品做面料的都卖到5000美元一把，皮面的要8000美元，去年我在设计拍卖会上看拍出的一把20世纪60年代做的，叫价为5万美元。据说1940年产的那批真皮原作，更是收藏级别，价格在

鹈鹕椅子使用实景

几十万美元以上了。

　　祖尔是个多元型人才，出身建筑设计，也设计室内和家具。20世纪40年代奠定了"丹麦设计"（Danish design）的基础，还是率先把丹麦设计介绍到美国来的设计师，因此，说他的设计是经典一点不为过。

　　祖尔做设计，和家庭有点关系，他父亲是在丹麦代理英国、苏格兰、瑞士等国纺织品的批发商，家境比较富裕。年轻的时候，他便经常在哥本哈根看艺术博物馆，在图书馆看书，之后考上丹麦皇家美术学院的建筑系，师从著名建筑师凯·菲斯科（Kay Fisker，1893—1965）。1934年毕业，之后在建筑事务所做过设计，参加过多个项目，

丹麦设计师　芬·祖尔（Finn Juhl, 1912—1989）

特别是室内设计项目。他参与丹麦电台的室内设计，获得普遍好评。1945 年，自己开业在哥本哈根的新港（Nyhavn）做设计，专攻室内、家具。他最早设计的一批家具都出自这个时期。那时候他和家具木匠尼尔斯·沃德尔（Niels Vodder, 1918— ）合作，一个设计一个制作，佳作连连，其中最著名的就是这把 1940 年的"鹈鹕椅子"（Pelican Lounge Chair）。不过，刚推出的时候，评论界并不看好他的这个设计，有评论家说这把椅子让人想起一头疲倦的海象，是一个"糟糕的设计"。虽然如此，这把椅子却在国外广受喜爱，销售也非常好。

看设计史的时候，看到"鹈鹕椅子"20 世纪 40 年代在丹麦的情况，都感觉到有点不可思议，这把椅子在欧洲、美国极为受市场拥戴，而在丹麦，却遭到普遍的冷遇，除了上面提到的评论界之外，设计界也不热衷。丹麦的几个世界级别的家具设计大师，比如摩根森、汉斯·瓦格纳，丹麦皇家美术学院家具系的系主任卡尔·克林特等，他们的设计其实也常走极端，却对祖尔不甚欣赏。

1948 年，芝加哥的"商人市场"（Merchandise Mart）——当时世界上最大的家具、产品批发中心，派工业设计部主任埃德加·小考夫曼（Edgar Kaufmann·Jr, 1910—1989）到北欧选择产品，原计划要在芝加哥举办一个展览的，但没有找到感觉，展览没有办成。然而他却被祖尔的"鹈鹕椅子"打动了，回美国之后，在《室内》杂志上发表了一篇很长的文章，配上图片来介绍。1950 年，祖尔被邀请到美国参加芝加哥的"优秀设计"展（the Good Design Exhibition），展出了他设计的 24 件家具，其中包括了"鹈鹕椅子"，被美国人称赞为手工艺和现代批量化生产最佳的结合范例。

20 世纪 50 年代在米兰举办的"米兰三年展"上，祖尔一次获得 5 枚金牌，这一下声名大振，成为国际知名的设计师。

祖尔出名的家具除了"鹈鹕椅子"之外，还有"韦斯特曼壁炉椅子"（Westermann's Fireside Chair, 1946）、"埃及椅子"（Egyptian Chair, 1949）、"酋长椅子"（Chieftain Chair, 1949）、"日本椅子"（Japan Chair, 1953）、"布瓦纳椅子"（Bwana Chair, 1962）等。这些椅子都是收藏级的，如果偶然在旧货市场遇到，可千万不要"走宝"啊。

08 海军椅 111 号
——传承和与时俱进

说起来这是多年以前的事了，当时有部美国电视连续剧，叫《战争风云》（*The Winds of War*），是根据赫尔曼·沃克（Herman Wouk, 1915— ）的同名小说改编的，通过美国海军将领维克多·亨利（Victor Henry）一家各位成员的经历来讲述第二次世界大战的故事，由美国电视公司（ABC）制作和播放，场面大、铺展的面非常宽广，历史考证比较准确，因而收视率非常高。之后又推

海军椅 111 号

出后续系列，叫《战争与回忆》（*War and Remembrance*），1988 年播出，也广受欢迎。我当时正在美国宾夕法尼亚州的西切斯特大学做访问学者，晚上在宿舍大楼六楼的房间里追着看，很过瘾。大概因为自己是学历史的原因，所以很注意道具、兵器、服装、场

美国航空母舰上水兵餐厅里摆放的"海军椅1006号"

景细节的准确性。电视剧里面有一段关于1944年至1945年美国海军潜艇攻击日本战舰的情节，潜艇上狭小的餐厅兼会议室里用的是一把铝质椅子，设计造型中规中矩，看上去轻巧结实，查了一下资料，知道是"埃美柯"公司出品的"海军椅1006号"。后来有机会在圣地亚哥，参观太平洋舰队展示的二战期间的潜水艇，看到这把1006号椅子，试坐一下，比我想象的还要轻，更加结实，坐着也舒服，印象很深。

埃美柯是美国一个家具公司的品牌，主要生产座椅，公司的历史和"海军椅1006号"基本是同步的。公司由设计师威尔顿·C. 丁杰斯（Wilton Carlyle Dinges, 1916—1974）创办，于1944年在美国宾夕法尼亚州的汉诺威市成立，全称为"电器机器和设备公司"（Electrical Machine and Equipment Company），缩写为埃美柯（Emeco）。丁杰斯当年接到美国海军下达的任务，要求设计一款在潜艇上使用的金属座椅。根据潜艇这种十分特殊的使用环境，海军方面要求：既要能防咸水和盐分含量高的空气的腐蚀，还要比较轻便耐用，并且要得很急。丁杰斯和美国铝业公司（ALCOA）合作开发这款椅子，铝业公司派了工程师、科学家参加，埃美柯的家具设计师主持设计，最后选定了轻质、坚固的铝材，以 80% 的回收铝合金作为原料。按照潜艇使用的要求、准确的人机尺寸来设计，这把椅子依据人体尺寸定型，将铝片切割、弯曲成型，经过焊接、热处理、抛光、电镀，并且打磨得几乎看不见缝隙，再经过严格的人工检查，整把椅子经由 77 道工序完成。据说当时海军订单上的提法是"设计要让回收完全过时"（make recycling obsolete），要让椅子"永久耐用"（keep making things that last），目的就是要做出一把基本不会报废的椅子，据说使用期限是 150 年。这样的产品，在工业产品设计史上，在 1944 年这么早的时期，还真是绝无仅有。

这把椅子完全是根据战时的特殊要求而产生的，第一把椅子在 1944 年交付美国海军使用，海军的编号是 1006，因而就被称为"海军椅 1006 号"（Navy Chair 1006）了。

由于我对这把"海军椅 1006 号"印象深刻，所以对这款设计很敏感。2007 年我在一个家具展上看见一把形式类似于 1006 的埃美柯座椅，是用塑料制成的，色彩鲜艳，叫"海军椅 111 号"。"海军椅 1006 号"一直是用轻质铝材制作的，现在推出这样完全不同材料的座椅，内中还真有个很有意思的故事呢！

"海军椅 111 号"是可口可乐公司的环保项目成果。2006 年，可口可乐公司找埃美柯公司研究用回收的可乐汽水瓶生产一把椅子的可能性。可口可乐瓶子所用的材料学名叫作"聚对苯二甲酸乙二醇酯"（Polyethylene Terephthalate），俗称"PET"。这种材料很难自然分解。长期以来，可口可乐用的塑料瓶一直被当作普通垃圾掩埋处理，不仅会对自然环境造成污染，对可口可乐公司也造成负面形象。后来将塑料汽水瓶回收并循环使用，主要用来生产塑料编织品，但是这样的方式很难形成一个品牌形象。因此可口可乐公司想请做军用永久性座椅的公司来合作解决这个问题，如果能够用废弃的塑料瓶做成椅子，那将会成为一个宣传可口可乐公司品牌形象的标志物。既能废物利用、保护环境，又能打造绿色环保的公众形象，一举两得。而埃美柯公司除了可借此研发出一个新的产品之外，与可口可乐这种世界知名品牌的合作亦会使自身的知名度得到很大

美国设计师　威尔顿·C. 丁杰斯（Wilton Carlyle Dinges, 1916—1974）

的提升。因此双方对这个项目都很积极，一拍即合。"海军椅 111 号"合作开发项目的负责人格里格·布克宾德（Gregg Buchbinder），在研发的时候提出：从原来强调的"循环使用"（recycling），更改成"提高循环"（upcycling），埃美柯公司把回收的塑料制成更耐磨、更坚实的新塑料，再注塑制成类似"1006 号"的椅子，将新的椅子命名为"海军椅 111 号"（Navy Chair 111）。这把椅子，造型上传承了"前辈"的风范，材料上则与时俱进了。现在，埃美柯公司每年用数百万个回收的可口可乐瓶子做"111 号"椅子，可口可乐公司很多办公部门都用这款椅子，成了一个品牌象征。

⑨ 孔雀椅
——时尚潮流之外的恒久

通常，所谓的"孔雀椅"有两个重要的特点，其一是指靠背结构向后舒展散开，有点像孔雀开屏的形态，英语称之为"flared back"；其二是采用编织方式制作，编织细节丰富，英语中称之为"intricately woven details"。这类椅子在东南亚地区很常见，一般用竹子或藤编制，很随意，但是也很典雅，是典型的室外用椅。19世纪因为大量的东西方海上贸易，东南亚出品的这些孔雀椅子输送到欧洲、美国，在西方人花园中常可见到。20世纪的六七十年代，被称为"摇曳年代"（the Swinging 1960s，

孔雀椅

1970s），在这个嬉皮士运动风起云涌、反主流的二十年中，"孔雀椅"变得更加流行了。明星们都喜欢用这种椅子作背景拍照，从斯提威·尼克斯（Stephanie Lynn "Stevie" Nicks,

孔雀椅使用实景

1948— ）、雪儿（Cher，原名：Cherilyn Sarkisian，1946— ）到电影明星布里吉特·巴铎
（Brigitte Bardot，全名：Brigitte Anne-Marie Bardo，1934— ）都是这样，一时成为时尚。

　　远早于这种流行，丹麦设计师汉斯·乔根森·瓦格纳（Hans Jorgensen Wegner，
1914—2007）在 1947 年已经用丹麦民间常用的放射状木片排列手法，将椅背拼出"孔
雀开屏"的效果，舒展大方，既有非常传统的丹麦家具印记，又有异国情调。椅子尺寸
适中，坐垫部分略低，靠背和扶手后仰，是很舒适的设计。另一位丹麦设计师芬·祖尔（Finn
Juhl，1912—1989）见到后，对这把与众不同的椅子非常喜欢，将其命名为"孔雀椅"
（The Peacock Chair），由丹麦的莫波勒公司（PP Mobler）出品，产生了很大的影响。

　　汉斯·乔根森·瓦格纳是丹麦最重要的现代设计师之一，特别长于家具设计，也是
产量最高的一位。他成功地设计过 1000 多种家具，包括椅子、柜子、桌子等。他设计
的家具，特别是椅子，皆是经典，总是非常优雅、舒畅、伸展、自由、带有一些东方韵味。
不但受到高品位人士的青睐，也是世界上主流设计博物馆的收藏品。他的设计特点是纯
粹、清爽，不受时尚转移的影响，什么时代都不过时，有"不受时间限制"（timeless）

丹麦设计师　汉斯·乔根森·瓦格纳（Hans Jorgensen Wegner，1914—2007）

和"恒久永续"（everlasting）的美誉。

为什么瓦格纳的设计能够做到不受时间推移的影响，恒久而国际化呢？我想一个重要的原因是他在设计的时候优先考虑传统手工艺的纯粹，并注入对使用者需求的周到考虑，这样的设计自然能够摆脱潮流的限制了。他在设计上有自己的原则，对于功能、形状、工艺，都有自己的界限，从来不逾越这些规范，因此他的设计总是能够做到与众不同。瓦格纳非常重视人性（通过手工艺传达）的表达，和对人体的适应性（通过人机工学设计传达），这也是丹麦家具设计师们的一个共同特点。丹麦人很早就开始研究人体工学在设计上的应用了，20 世纪二三十年代，卡尔·克林特（Kaare Klint, 1888—1954）就开始探索人体工学，当时称为"anthropometrics"，是人体工学发展的早期对人体测量学部分的研究，这个研究对丹麦的设计产生了很大的影响。克林特对人体进行广泛的抽样测量，并且对测量获得的数据进行分析、整理、编辑出版。丹麦设计师很早就注意到人的尺寸、比例在设计中的使用，这一点在瓦格纳的"孔雀椅"中表现得淋漓尽致。

汉斯·瓦格纳非常热爱民间手工艺，这一点正是丹麦现代设计师和中欧的现代主义设计师最大的差别。丹麦的现代设计小团队基本都是在手工艺与现代设计结合的基础上形成的，最早形成于 20 世纪 30 年代，其中包括了博格·莫根森（Borge Mogensen，1914—1972）、汉斯·乔根森·瓦格纳、卡尔·克林特等几位先驱。莫根森 1944 年设计的"颤抖"椅子（The Shaker Chair）、克林特 1933 年设计的"萨法里"椅子（The Safari Chair）、瓦格纳 1943 年设计的"中国椅子"和 1947 年设计的"孔雀椅子"都在国际上享有很高的声誉。从这些设计中可以看到，他们通过对德国、荷兰、美国现代设计的认识、借鉴，结合自己的文化传统，已经走出一条丹麦的现代设计道路来了。

这种探索也非常符合二战后丹麦的国情，丹麦在战后需要设计和生产为民众服务的产品，走设计民主化的道路，是丹麦设计之路。提倡"好设计""好品位"，是民族要求。到 20 世纪 60 年代前后，"丹麦现代"（Danish Modern）已经在全世界设计界、消费者中得到一致的好评，被认为是国际上最杰出的设计类型之一，这个发展速度之快，举世瞩目。

10 "拉－查斯"躺椅
——美国现代设计的黄金搭档

　　上个星期去洛杉矶西部的小城圣塔莫尼卡逛书店，附近有几家美国著名家具公司赫尔曼·米勒（Herman Miller）的展示间，墙上挂着伊姆斯夫妇设计的一个色彩斑斓的衣架，而那把 1948 年设计的优雅的"拉－查斯"（la chaise）椅子，则放在宽敞的橱窗里，在西海岸的阳光照耀下，白色的椅子散发着柔和的光。

　　查尔斯·伊姆斯（Charles Eames, 1907—1978）和蕾·伊姆斯（Ray Eames， 1912—1988）是美国二战后最著名的一对设计师夫妻，在四十多年的设计生涯中，他们几乎在美国人生活的方方面面都留下了深刻的影响。他们率先使用新材料、新技术，将一大

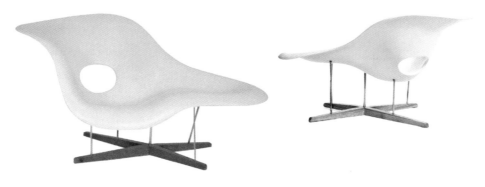

"拉－查斯"躺椅

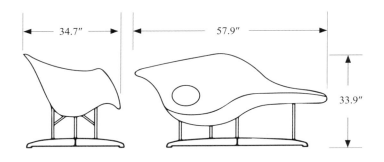

"拉 - 查斯"躺椅的基本尺寸设计图

批功能良好、价廉物美、具有雕塑感的现代家具和日用品，带进了美国人（尤其是中产阶级）的家居和办公室，对美国现代建筑和家具设计的发展做出了历史性的贡献。2008年6月17日，美国邮政总局发行了16张一套的纪念邮票，纪念这对美国现代设计的黄金搭档。

伊姆斯本人出生于美国中部密苏里州的城市圣路易（St. Louis, Missouri），小时候曾经在一家钢铁厂打过工，之后进入圣路易的华盛顿大学（Washington University in St. Louis）建筑系学习。在校时，他对当时美国尚未认识的欧洲现代主义建筑和设计表示出极大的热情和兴趣，并公开臧否那时如日中天的美国建筑师佛兰克·劳埃德·莱特（Frank Lloyd Wright, 1867—1959），老师说他"太前卫"，同学觉得他不合潮流，而他自己则觉得学校的教学太保守。于是他在大学二年级退学，去一家建筑事务所打工，1930年开办了自己的建筑事务所。在此期间，他深受芬兰设计大师艾里尔·沙里宁（Eliel Saarinen, 1873—1950）的影响，开始向现代主义设计急剧转化，并于1938年干脆进入沙里宁主持的克兰布鲁克艺术学院（The Cranbrook Academy of Art）深造。毕业后被聘留校任教，担任工业产品设计系的系主任。1940年，他和沙里宁校长的儿子——克兰布鲁克的毕业生埃罗·沙里宁（Eero Saarinen, 1910—1961）合作，设计了一组模压胶合板家具，在纽约现代艺术博物馆（MoMA）举办的"住宅家具的有机设计"（Organic Design for Home Furniture）竞赛中获奖，引起轰动，从而奠定了他在美国现代设计中的地位。

　　蕾出生于加州首府萨克拉门托（Sacramento, California），性格开朗乐观。她很有艺术天赋，曾追随著名的德裔美国抽象表现主义画家汉斯·霍夫曼（Hans Hofmann，1880—1966）学习绘画，她的一幅画作还被惠特尼美国艺术博物馆永久收藏。1940年，蕾进入克兰布鲁克艺术学院学习，期间，她曾为查尔斯·伊姆斯、埃罗·沙里宁在MoMA的参赛展台绘制展板，结为好友。蕾与查尔斯于1941年结婚，一直合作到老，设计过的作品何止上千。他们的设计领域从工业产品、家具、平面到建筑，还从事摄影、

伊姆斯夫妇坐在他们设计的"拉-查斯"躺椅上

美国设计师查尔斯·伊姆斯（Charles Eames, 1907—1978）

制作电影，也设计展览，称得上是设计的全能团队了。

这对年轻夫妇在1941年移居到西海岸的洛杉矶。起初，查尔斯在电影圈中工作，蕾则为当时很有影响的《加利福尼亚艺术和建筑》（*California Art & Architecture*）杂志设计封面。但他们一直在探索和完善用模压方式制作胶合板家具的途径。二战期间，他们获得了美国海军的一份合同，为伤员设计轻质的腿夹板。在海军提供的材料和加工技术的支持下，伊姆斯夫妇设计的这款仿生腿夹板相当成功。"二战"后随着批量生产模压胶合板制品的技术性问题获得解决，伊姆斯夫妇便积极地将这套技术转入民用家具的设计和制作之中。他们为赫尔曼·米勒公司设计了一批多功能用椅，经济实惠，适合在各种现代家居和工作环境中使用。"二战"刚结束，美国市面上可供选择的价格低廉、节约空间、好看好用的家具非常少，米勒公司的这批家具一经推出，立即受到市场的热烈欢迎。

模压胶合板家具的成功，鼓舞了伊姆斯夫妇将选材范围扩展到当时出现不久的玻璃纤维，"拉－查斯"椅子就是成果之一。这张椅子的设计灵感源自法裔美国雕塑家伽斯顿·拉查斯（Gaston Lachaise，1882—1935）的名作"漂浮的躯体"（Floating Figure，1927），两位设计师用其命名来表达对雕塑家的敬意。

"拉－查斯"椅子的外形，有点像一个张开的贝壳。伊姆斯夫妇制作的原型椅是用玻璃纤维整体模压成型的，五根比较粗壮的不锈钢管固定在十字交叉的硬木底座上，用来支撑白色的椅座。

这把椅子不但形式自由、流畅，功能也很多元：可单人端坐、斜倚、慵躺；亦可双人并坐、对坐、促膝交谈；既可面朝前面，还可以转向侧面。非常适宜摆放在高级办公室的接待厅、画廊和博物馆的展厅，或者高端时尚人士的客厅里，营造非常戏剧化的优雅氛围。伊姆斯夫妇设计的这把椅子，原本作为1948年1月纽约现代艺术博物馆（MoMA）举办的"廉价家具设计"（Low-Cost Furniture Design）大赛的参赛作品，大约因为这把椅子造价不低的缘故，这个作品没有能够如同伊姆斯夫妇的其他参赛作品那样获奖，但却因其婀娜的优美外形，成为展览中最受关注的展品，被选中放在了展览目录和海报上。

这把椅子因为加工制作不易，价格高昂，一直未能投入批量生产。直到 1991 年，瑞士家具名厂维特拉（Vitra）获得伊姆斯基金会授权，才开始了实际意义上的批量生产。Vitra 的产品在外形和尺寸上完全遵照了伊姆斯夫妇的原始设计，但在材料和加工方法上做了些改进：贝壳形的椅座由双层电熔玻璃纤维薄壳模压而成，两层之间加入一层硬橡胶垫片，并用苯乙烯黏合、填充；椅脚则用五根较原型苗条的镀铬钢管和天然硬枫木的底座制成。其价格为每把 11295 美元。

我有点好奇，看了一下客户反映。几位买主都对椅子的美观和舒适程度赞不绝口，有一位更留言道"从来没有想象过人造材料的椅子，在不加软垫的情况下，可以如此舒适"。当然也有人指出不足之处，那就是坐上去了不容易下来：一是因为太舒服了不想下来，二是因为没有可供抓手的地方，真的不容易下来。

伊姆斯夫妇在洛杉矶西部加州的海滨小城威尼斯工作了将近四十年，他的设计事务所位于华盛顿大道 901 号（901 Washington Boulevard in Venice, California），现在已将其中一部分辟成博物馆，对公众开放。有机会经过那里，很值得进去看看，领略一下这对大师无比的创作热情和超人的创意。

11　"钻石"椅子
——那颗闪闪发光的钻石

说起现代设计中的经典家具，基本是在 20 世纪 20 年代至 80 年代中设计出来的。好像密斯·凡·德·洛、勒·柯布西耶、马谢·布鲁尔、查尔斯·依姆斯夫妇设计的椅子，面世几年就世界闻名，流行至今。而当代的设计，则很少有能够这样一鸣惊人的。其中原因，我始终没有想透。美国设计师哈里·别尔托亚（Harry Bertoia，1915—1978）的"钻石椅"也是这样的经典作品。这把纯粹用金属焊接而成的椅子，如果要形容，就是一张铁网兜。铁网，或者说金属网，英语叫"mesh"，下面焊接上两只金属的脚，就是椅子了。这

"钻石"椅子

"钻石"椅子使用实景

铁网或者抛光、或者电镀，闪闪发亮，外形似钻石状，因而得名。因为设计奇特，这张用简单的铁网制成的椅子不易磨花、腐蚀，使用多年看起来还像新的。可以放在阳台上、泳池边等露天场所，也可以放在室内，加上个软垫，时尚又舒服，坐在上面就好像坐在个兜兜里一样。除了软垫部分，钻石椅基本上不会变旧，这是它的特别之处。因为构思非常独特，这把椅子问世的时候，有媒体问别尔托亚如何描述自己的这个设计。他说："其实，你看看这把椅子，它好像那些以空间表现为主的雕塑一样，仅仅就是空气而已。"听了他的这个说法，再看看这把椅子在现代的室内设计中使用情况，你会发现好多设计师其实是把它当作现代雕塑品来用的，家具能有这么强的雕塑感，并不多见。单凭这一点，钻石椅也值得关注和拥有了。

钻石椅是别尔托亚的代表作。别尔托亚是个意大利名字，他于 1915 年在意大利出生，15 岁来美国看望移民到底特律的哥哥，喜欢上了美国，就留在那里进了技术学校，学习首饰制作。1938 年进入当时的底特律工艺学校（Detroit Society of Arts and Crafts），这个学校是现在很著名的底特律创意大学（College for Creative Studies）的前身。之后

意大利裔美国设计师哈里·别尔托亚（Harry Bertoia, 1915—1978）

又到著名的克兰布鲁克艺术学院（Cranbrook Academy of Art）学习，在那里他结识了几位重要的设计师，包括刚刚到美国的包豪斯奠基人沃尔特·格罗佩斯、查尔斯·依姆斯夫妇和埃德蒙·培根（Edmund N. Bacon, 1910—2005）。从克兰布鲁克毕业之后，他做过一段时间的首饰设计，也教过书，在那段时间内，他曾经帮助查尔斯·依姆斯设计了夹板椅子的金属构架，不过这几把椅子外界一般都认为是依姆斯夫妇设计的，知道别尔托亚的贡献的人并不多。

1950 年，别尔托亚定居美国宾夕法尼亚，并且成立了自己的设计工作室，开始和汉斯·诺尔（Hans Knoll, 1914—1955）和佛罗伦斯·诺尔夫妇（Florence Knoll, 1917— ）合作，动手设计金属网结构的家具，其中就包括了这把后来大名鼎鼎的"钻石椅"。这把椅子以金属焊接方法成型，现在依然是金属焊接家具（welded steel）中最重要的经典作品。流畅、自然、雕塑感强烈，一经面市，就引起轰动，媒体争相报道，市场热销。这把椅子和他的其他同类型的金属焊接椅子，成为诺尔公司的"别尔托亚系列"（The Bertoia Collection for Knoll），半个多世纪过去了，现在这把椅子依然有稳定的市场，也是很多收藏家喜欢的经典。

说到这里，还需要提到关于这个设计的一场争议。因为别尔托亚和依姆斯合作的时候，并没有金属焊接和弯曲的技术专利，因此后来生产依姆斯家具的赫尔曼·米勒（Herman Miller）公司把诺尔公司和别尔托亚告上法庭，说他们用了依姆斯发明的技术，官司最后判米勒胜诉，别尔托亚和诺尔公司不得不重新设计、生产别尔托亚的椅子。新生产的椅子就是我们现在看到的钻石椅，和原来 1950 年的设计对比，这款椅子的金属比较厚一点点。不过了解内情的人，都知道这种结构最早是别尔托亚设计的。

钻石椅自从 20 世纪 50 年代经诺尔公司推出以来，热销全球，盈利颇丰，以至于别尔托亚可以放下设计，全力投入雕塑创作了。设计界能够达到这个境界的人，并不多见呢！

12 "女士"椅子
——新型材料催生的设计经典

提到意大利设计大师玛可·扎努索（Marco Zanuso，1916—2001），人们一定会想起他在 1952 年为意大利公司"阿尔弗莱克斯"（Arflex）设计的那款举世闻名的"女士"椅子（Lady Armchair）。

我是从潘妮·斯巴克（Penny Sparck，1948— ）写的《意大利设计》一书上第一次看到这把椅子的照片的，它设计得很简单：四片厚厚的泡沫塑料，下面四条细细的钢管腿，舒适、精致。这把椅子可以拆卸成椅背、椅座、两侧扶手四个部分，方便包装和运输。这把"女士"椅子一改过去在木制织布机上织造座椅垫料的旧工艺，采用了当时的新型材料——泡沫塑料，代表了意大利战后设计第一个高潮的来临。这把椅子首次与公众见面，是在 1952 年的米兰设计三年

"女士"椅子

"女士"椅子使用实景

展（La Triennale di Milano）上，当时还将这把椅子横切开来，让观众可以看见它的结构以及填充材料。新型材料的应用产生了新的设计，技术是刺激设计创新的动力之一，Arflex 公司自然也就随着这把椅子出了名。

玛可·扎努索出生在米兰，在米兰理工大学学习建筑，1945 年开设了自己的设计事务所。这是一位非常注重理论的设计师，他曾多次在意大利最著名的设计杂志《多姆斯》（Domus）和《卡萨贝拉》（Casabella）上撰文，介绍和讨论关于现代设计运动的理论和设计理念，也一直在母校担任建筑学和城市规划专业的教授，对意大利战后现代设计的发展以及新一代意大利设计师的成长，有着深远的影响。

他从 1957 年开始与出生于慕尼黑、后来移居米兰的德国设计师理查德·萨帕（Richard Sapper，1932— ）合作，设计出许多优秀的工业产品，其中很多都是塑料家具和产品，对于推动色彩鲜艳的塑料家具、用品在意大利的普及起到重要作用。这对"设计双子星"在 1959 年开始担任意大利电子产品公司布利安维加（Brionvega）的设计顾问，以打造时尚的电子产品，在国际市场上与当时占统治地位的德、日产品一较高下为主旨。他们两人的合作，创造出一批世界领先的新产品。例如那款造型圆浑紧凑的便携

意大利设计师　玛可·扎努索（Marco Zanuso，1916—2001）

式"丹尼 14"电视机（Doney 14），就是意大利第一部全晶体管的电视机。他们设计的一系列电视机、收音机，很快就成为"技术功能主义"美学的标杆作品。又如两位设计师 1966 年为德国西门子公司（Siemens）设计的"格里洛"（Grillo）折叠式电话，将拨号部分和听筒部分合为一体，亦是当时世界上最先尝试这种方式的先锋之一，这些设计在意大利乃至在国际上都产生了很大的影响力。扎努索和萨帕还在 1972 年为纽约现代艺术博物馆举办的"新家居景观"展（the "New Domestic Landscape" show，MoMA）设计了几种移动式住所，那是一些颇具创意的可堆叠住宅单元，可以根据需要轻松地搬移、组装、变成一个优雅的居住空间。这些设计引起公众对意大利设计新思想的强烈关注。

"女士椅子"的成功，和它在材料选用上的前瞻性是分不开的。Arflex 公司起初是意大利著名橡胶公司"佩列里"（Pirelli）的子公司，由一群"佩列里"的技术人员于 1947 年创立，旨在采用新材料、新技术，结合意大利的美学传统，创造出引领潮流的现代家具来，占领国际市场。由于有橡胶和石油产品的生产厂家做倚靠，他们首先在填充材料的更新方面开辟新路。1950 年前后，"佩列里"公司开发出一种意大利语称为"羽毛橡胶"（gommapiuma）的泡沫塑料新材料，Artflex 公司就设法通过设计把这种泡沫塑料和具有伸缩性的合成化纤纺织品结合起来，造就了"女士椅子"的成功。这把椅子，奠定了该公司日后一直延续的设计和生产方向。

半个多世纪以来，这家公司一直坚持在材料和技术方面进行突破创新，同时，对创意人才也给予了足够的重视。玛可·扎努索、安东尼·西铁里奥、卡斯提格里奥尼兄弟、艾托尔·索扎斯等著名的建筑师、设计师，都先后参与过该公司的设计。通过不断推出的优秀设计，Arflex 获得"意大利最具现代设计感公司"的美誉。其产品不但成了"时尚"的同义词，不少还成为世界各地主流艺术博物馆的收藏品。在家具品牌王国意大利，这家公司能够长期保持这样高的地位，真是很不容易，其对设计的重视、对新技术的重视大概是最根本原因了。

13 "郁金香"椅子
——沙里宁的有机功能主义

1955 年至 1956 年，芬兰裔的美国设计大师埃罗·沙里宁（Eero Saarinen，1910—1961）为诺尔家具公司（Knoll）设计了一把漂亮的白色椅子，推出的时候，产品目录上的名称是"台座椅子"（Pedestal Chair），但是它实在太漂亮了，太像一朵盛开的郁金香了，于是人们都叫它为"郁金香椅子"（Tulip Chair），它的本名反倒不太被人提起了。

"郁金香"椅子

埃罗·沙里宁是国际主义建筑运动中非常重要的大师级人物，在国际主义风格盛行的时候，他以斯堪的纳维亚设计传统为基础，大胆创新，突破了刻板单调的密斯风格，开创了有机功能主义风格，并通过他设计的大型建筑和家具体现出来，丰富了现代设计的面貌，在国际设计界享有很高的声誉。

沙里宁出生于北欧国家芬兰的克科努米（Kirkkonumm，Finland），父亲艾里尔·沙

"郁金香"椅子设计草图

里宁是分离派现代建筑的奠基人之一、母亲是位雕塑家，家庭里设计和艺术的氛围很浓，给他日后的发展打下了良好的基础。十三岁的时候，沙里宁全家移民美国，之后，他曾于1929年到巴黎学习雕塑，1931年至1934年间，在美国耶鲁大学学习建筑，1934年至1935年间他回欧洲游学、考察和了解欧洲的传统建筑，之后又在赫尔辛基跟随芬兰建筑师杰瑞·艾科隆（Jari Eklund）工作一年，进行建筑实践，同时也更深入地了解斯堪的纳维亚设计传统，收获很大。

回到美国后，埃罗·沙里宁到父亲开办的克兰布鲁克艺术学院（Cranbrook Academy of Art）执教。在学校中他结识了父亲聘来的一批杰出设计教育家和设计师，包括家具和工业产品设计师查尔斯·依姆斯，建筑师、家具设计师佛罗伦斯·舒斯特（Florence Schuster，她婚后改名为Florence Knoll Bassett，1917— ），芝加哥建筑师哈里·莫尔·魏斯（Harry Mohr Weese，1915—1998），费城的城市规划师爱德蒙·诺伍德·巴根（Edmund Norwood Bacon，1910— 2005），金属焊接雕塑家、家具设计师哈里·别尔托亚，明尼苏达大学建筑学院院长拉尔夫·拉伯逊（Ralph Rapson, 1914—2008）等人。大家志同道合，将学院办成"包豪斯"式的现代设计教育试验中心，培养出不少杰出人才。埃罗·沙里宁深受父亲设计教育思想的影响，重视手工操作技巧，重视观念形成，又有机会和这么多杰出的设计精英共同探索、切磋，对于他日后的建筑设计和家具设计产生了很大的影响。

"郁金香"椅子使用实景

　　沙里宁的设计，不论是建筑或是家具，常采用有机形式，但他绝不是为形式而形式，而是非常注重通过形式来解决实际问题。就以"郁金香"系列为例，这组家具包括座椅、凳子、扶手椅、桌子和茶几，它们的基本形式都像一个高脚酒杯：底部是一个铸铝圆盘，圆盘中央伸出一根金属圆杆，支撑起上面用强化玻璃纤维制作的桌面或椅座来。由于整个表面有一层聚酰胺涂层，所以看上去一气呵成，无缝连接，非常整体。为什么要设计成这种样子呢？沙里宁曾经说过："传统家具的桌子和椅子都有四条腿，这么多的'腿'挤在一起，让整个环境变得杂乱无章、丑陋难看。我想将它们设计成一个整体。"他在《时代周刊》1956 年的封面故事中表示：他要尽力荡涤美国民众家中这种令人心烦的"腿"的乱象。

芬兰裔美国设计师　埃罗·沙里宁（Eero Saarinen，1910—1961）

这款椅子诞生于"太空年代"（Space Age），本身应用了新型材料，造型又很创新，所以推出以后，不但市场热销众多博物馆也争相收藏，连科幻影视剧也用它来打造外太空的高科技景观。

美国著名的电视连续剧《星际迷航》（*Star Trek*）中就曾用其来做道具。到这部连续剧停播之时，剧中道具送去拍卖，一张剧里 U.S.S 帝国场景中使用过的原装"郁金香"椅子，售出了 18000 美元的高价。

沙里宁在建筑设计方面更是硕果累累。闻名遐迩的纽约肯尼迪国际机场环球航空公司候机大厅（TWA Flight Center，现在是该机场的第五航站楼）、华盛顿杜勒斯国际机场候机大楼（Dulles International Airport）、圣路易市的杰弗逊国家纪念碑（Gateway Arch）都是他的手笔。沙里宁为人忠厚、随和、幽默，对于工作、对于自己的作品一丝不苟，特别注重将有机形态和良好功能融为一体，体现出高度的设计责任感和敬业精神。因而，他的设计总能得到业界和公众的一致好评。

沙里宁于 1961 年因为脑病死在手术台上，英年早逝，是设计界的重大损失。他去世之后，留下大量没有完成的设计项目，由他的设计事务所同事通过多年工作才逐步完成，因此他的设计思想和设计风格在他去世后依然延续了许多年，并且影响相当大。沙里宁毕生没有写过一本书来讨论自己的设计思想和设计哲学，但这些内容已全部包含在他的设计之中，通过那些有机形态的庞大建筑和小巧精致的家具而被默默无声地，却又强烈地表现出来。

14 A56 椅子
——父子接力的佳作

到巴黎走走，少不了在塞纳河边的
小咖啡馆坐下来喝杯咖啡，看看穿梭如
织的行人。你多半会坐在一张叫作 A56
的金属椅子上，这把椅子是法国设计师
让·博洽德（Jean Pauchard）1956 年设
计的，粗粗看去，似乎并不起眼，但却
是设计中的经典作品，由法国的 TOLIX
公司出品。多年以来，一直很畅销，从
不过气。

作为户外咖啡馆的椅子，需要结实
耐用，金属自然是比较合适的材料。但
早年的金属家具经常锈蚀严重，而防腐
蚀的技术问题一直没有得到很好的解决。
用油漆保护，油漆会脱落，最后变得斑
斑驳驳的，这样的家具既不耐用、也不
好看。所以这把椅子在最初设计的时候，

A56 椅子

A56 椅子使用实景

表面处理是用镀锌工艺来保护金属构件的。

现在的人对镀锌工艺恐怕已经比较陌生了，因为已经有了更好的办法来解决金属氧化腐蚀的问题。现在可供选择的材料多，工艺手段也多，比如用不锈钢、合金、复合材料制作家具都是可选的方法。但是在 20 世纪初期，家具制作仅有几种金属可选择，还基本都含铁，锈蚀肯定是大问题。

1907 年，让·博洽德的父亲扎维·博洽德（Xavier Pauchard，1880—1948）发明了金属产品的镀锌工艺，成为当时针对含铁材料最好的保护方法。这种工艺的加工方法很简单，就是把结构完成的铁家具浸入熔化的锌里面。镀锌的防锈蚀效果非常好，因此在欧洲出现了一些镀锌工厂，其中在法国勃艮第（Burgundy）的托利克斯（Tolix）工厂就是一个专业的镀锌厂，很多金属的家用品都拿到这里镀锌，镀锌之后家具、用品都闪闪发亮的，很好看。镀锌产品市场销售非常好。由这家公司镀锌处理的家具中，最著名的是老博洽德1934年设计的一把椅子，采用铁皮做支架和椅面、靠背，再镀锌防锈，色彩多是灰色的，叫玛丽A椅子（Marais A Chair）。这把椅子很好坐，也经久耐用，不过比较笨重，不太方便堆叠。于是，小博洽德在1956年对这把椅子的设计进行了修改，着重考虑到几个因素：第一，这把椅子就是设计给室外用的；第二，是给在户外坐着喝咖啡的人设计的，法国人泡咖啡馆时间之长是出了名的，因此要在角度上下功夫，让人坐得非常舒适；第三，要方便堆叠，解决小咖啡馆休业时候的存放问题。让·博洽德给新的椅子命名为A56号椅子。

两代设计师父子接力设计的这把椅子非常实用，成了法国的那些叫"bistro"的小酒馆、小咖啡馆，特别是户外咖啡馆、小酒馆的最常用的座椅之一。在巴黎的街头巷尾、塞纳河边，无处不见它的身影，法国三代人都是坐在这种椅子上度过的，那份代代相传的感情别提有多深了。说起巴黎的生活，肯定少不了咖啡馆，特别是那些昼夜开放的街头咖啡座，而这些咖啡座一多半都用A56椅子，这种椅子简直成了法国咖啡馆的招牌象征了。

A56椅子高72厘米、宽45厘米、深46厘米，重5公斤，属于比较厚重的椅子。这种重量很适合在户外使用，因为不像后来出现的塑料椅子，轻飘飘的有点晃晃悠悠的感觉。一定的重量，给人一种信心感，坐得踏实，靠得安心。可能正是因为这个原因，巴黎大凡用A56椅子的咖啡馆前面的客人总是坐的时间比较长些的。

相较于其他咖啡店用椅，这种椅子有个特别的好处：它在堆叠摆放的时候，特别严丝合缝，25把椅子堆在一起，高度只有2米多一点。咖啡馆晚上收摊的时候，把全部椅子堆成一堆就行了，省了好多存放空间。加上又是镀锌的金属家具，不怕风吹日晒。这种椅子在工厂里大批量生产，质量标准，价格合理，英国设计师特伦斯·康兰（Terence Conran，1931— ）曾说："这种椅子象征了民主的完美，既是大批量生产的产品，又能够在任何场所地点使用，一句话，它是社会的。"近些年来，大约为了迎合年轻一代，这种椅子也有用喷漆来处理表面的，颜色漂亮一点，气氛轻松一点。不过用了一段时间

法国设计师　让·博洽德（Jean Pauchard）

后，的确会变得斑驳起来，记得要及时刷新，才能葆有 A56 的气质感啊！

传说原先老博洽德设计的玛丽 A 椅子，是给军舰甲板上的气象员用的，所以才比较重，并且全部镀锌防锈，不过没有人去查证。但是，结实、防锈的这种 A56 的需求一直很大，设计一直没有变，浅灰色的表面，有处理时留下的些许砂纸磨出的痕迹，这就成了 A56 的招牌痕迹了，没有磨痕的反而不是真货，四个椅脚用橡皮包裹，既防噪音，也防止拖动金属椅子时损坏地板。A56 是一种公共用的椅子，不怕风雨，可以永久性放在户外使用，堆砌最理想的高度是 10 张一堆。

我第一次去巴黎，找了个人行道旁边的咖啡座看几页书，那个下午，就是坐在一张 A56 椅子上度过的。淡淡的橄榄绿色，谈不上喜欢或者讨厌，反正是把很实际的椅子，后来去的多了，有些咖啡馆没有 A56，我还会东张西望地找找的。

15 蝴蝶凳
——传统和现代的精妙结合

好多年前，我还在写《世界现代设计史》的时候，就注意到日本战后出产的一张很特殊的凳子——两片弯曲定型的纤维板，用一根螺栓，反向而对称地连接在一起，再用一根铜棒在座位下加固，造型有点像是一对正在扇动的蝴蝶翅膀，这张凳子因而就取名叫"蝴蝶凳"（Butterfly Stool）了。柳宗理（Sori

蝴蝶凳

Yanagi, 1915—2001）设计的这张蝴蝶凳，在1957年的米兰设计三年展上获得著名的"金罗盘"奖（compaso d'Oro），是日本工业设计最早在国际设计界崭露头角的成名之作。从这张凳子的造型，敏感的人可以感觉到来自日本传统建筑的影响，从早期"神道教"的拱门上就可以找到它的渊源，把传统和现代化结合得如此精妙，实在令人叹服。

柳宗理的作品很多，比如他在同年的米兰设计三年展中展出的白瓷茶壶、不锈钢水壶，或者后来设计得很现代的电唱机、缝纫机，乃至汽车设计，所有的设计，都体现出融合日本传统手工艺的特征。他擅长用现代技术、现代材料作为手段，创造出具有日本感觉、日本风格的现代产品来，因此被国际设计界普遍视为日本现代工业产品设计的开

蝴蝶凳使用实景

创人之一。

　　日本的现代设计严格来讲是从第二次世界大战结束以后才真正开始的，战前虽然有少数人在探索，但是总体来看，成为规模，成为行业，是在战后。从那时开始到现在，半个多世纪过去了，日本已经成为世界设计重镇，日本设计的方方面面都取得令人瞩目的成就。不论是工业产品设计、平面设计，或是时装设计、建筑设计，一直到动漫设计、电玩设计，都在世界上占有举足轻重的地位。进入 21 世纪以来，东京国立现代美术馆连续举办日本设计大师的个展，就是为了让人们有机会回顾一下过去这半个多世纪以来，日本设计走过的历程。

　　"柳宗理——生活中的设计展"是 2007 年 1 月份在东京现代艺术馆二楼第四号展馆开幕的，展出了这位大师多年来设计的各种产品，从蝴蝶凳，到白瓷茶壶，到最早在

日本设计师　柳宗理（Sori Yanagi，1915—2001）

日本第一届工业设计展览上展出的电唱机（1952），家具、缝纫机、汽车和建筑物（例如行人过街天桥）等。给观众一个全面了解柳宗理及其设计的机会。展期中还有几场专题讲座，分别请了日本传统工艺的研究人员诸山正则、木田拓也（Kida Takuya），著名工业设计师深泽直人（Naoto Fukasawa, 1956— ）和烹饪设计家（日本叫作料理设计师）掘井和子来主讲有关柳宗理设计的主题。因为美国这边正在上课，走不开，我没有能够去现场参观和听课，很可惜。后来有日本学生给我带来了展览的资料和相关书籍，看到在他的设计中，生活、美学结合得如此和谐，传统、现代衔接得天衣无缝，毫无突兀的感觉。这一点，我们中国的设计师今天还在努力探索之中；而在日本，那么多年以前就已经达到这样炉火纯青的地步。柳宗理的设计，对年轻的中国设计而言，无疑是一个很好的启迪。

　　大概因为自己是做设计史论研究的，因此对这类回顾展或是出版的回忆录总是很感兴趣。东京国立现代美术馆的举办的系列展览中，还有好几位日本设计奠基人的展览，比如渡边力（Watanabe Riki, 1912—2013）、山口勇（Isamu Noguchi，1904—1988）、森正洋（Masahiro Mori, 1927—2005）等。有机会去日本，应该好好去看看的。日本现代设计比中国起步早，其发展过程中的不少经验是值得我们借鉴的。可惜现在我们的年轻设计师中，知道柳宗理的恐怕已不太多了。

　　蝴蝶凳迄今依然是很让我心仪的一个设计，那么简单、那么复杂、那么出世，又那么情色浓郁，一张简单的小凳子，能够做出这么复杂的感觉来，内功何其了得！

16 马扎罗凳子
——拖拉机坐垫的前世今生

打开现代设计师的档案，你会发现许多人都设计过家具，特别是椅子。现代椅子中的经典作品可多了，如密斯·凡·德·洛的"巴塞罗那"椅子，勒·柯布西耶的几张类似立体主义雕塑的黑色皮椅，还有马谢·布鲁尔的钢管椅子"瓦西里椅子"，都不但是博物馆的藏品，并且迄今依然在高级知识分子阶层、精英阶层中极受欢迎，在许多知名大企业、大公司的总部里面，都会摆放着这些椅子，成了一种品位的象征。有时候，甚至有点用滥了：一家房地产开发商在售

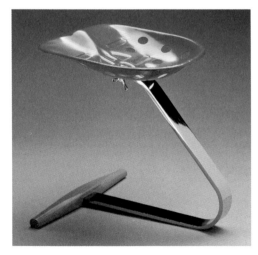

马扎罗凳子

楼处放上几十张巴塞罗那椅子，那就不再有经典的感觉，而是感觉被冒犯了。

意大利的设计师，总能够设计出很有味道、很有前卫的艺术氛围，而大企业却很难广泛使用的椅子来。个中原因，我想主要是因为他们对艺术和设计之间微妙的界限，把握得极有分寸。在众多的设计师中，卡斯提格里奥尼（Castiglioni）三兄弟是比较突出

马扎罗凳子使用实景

的。他们都毕业于米兰理工学院，从事产品设计，成为意大利现代设计的奠基人物。他们最早开始利用现成的产品拼装家具，之前，大概只有达达艺术家马谢尔·杜尚（Marcel Duchamp，1887—1968）用男厕所里的小便器做过装置，不是用品，仅仅是当代艺术而已。卡斯提格里奥尼兄弟则用拖拉机的座椅加上一个单腿的支架，做出一把很时尚的凳子，叫作马扎罗凳子（Mazzadro Stool），在 1957 年推出。这个设计开创了所谓现成组装设计（ready — made design）的先河，这种设计方法，是采用现成的产品部件，重新拼装出新的产品来。

他们的这种做法，显然是受到现代艺术采用拼贴方法创作的影响，并且，他们是第一批采用这种方法的设计师。他们设计出可以批量生产的产品，而且这些产品当时还非常受到市场的欢迎，特别是青少年消费者的喜爱。时间已经过去几十年了，这张凳子依然非常受欢迎，我的那些欧洲设计界的朋友，好几位都在家里电话旁边摆上一张，坐在上面打电话，实在时尚得很。

卡斯提格里奥尼家三兄弟，老大是利维奥（Livio Castiglioni，1911—1979），老二是皮尔·贾科莫（Pier Giacomo Castiglioni，1913—1968），老三叫阿契勒尔（Achille Castiglioni，1918—2002），都是意大利现代设计的代表人物。他们都是学建筑出身的，

利维奥（Livio Castiglioni，1911—1979）

皮尔·贾科莫（Pier Giacomo Castiglioni，1913—1968）

阿契勒尔（Achille Castiglioni, 1918—2002）

之后设计了大量的工业产品。在国内相当流行、被大量仿制的"钓鱼"落地灯，就是他们的作品。1945年以后，老二与老三紧密合作，他们受到达达主义艺术，特别是马谢尔·杜尚的影响，开始利用现成产品部件设计新产品，开创了一条新的设计道路，与20世纪60年代社会的总体反叛精神非常吻合，因此受到广泛欢迎。他们对于技术特征的强调，使他们为自己的设计创造了一个特别的术语——技术功能主义（techno—functionalism）。他们服务的企业有卡特尔（Kartell）、贝尼尼（Bernini）、扎诺塔（Zanotta）、伽瓦纳（Gavina）等公司。

我经常看国内有好多工业产品部件，被随意抛弃，例如拖拉机、联合收割机的零件，还有建筑用的工具，其实如果动动脑筋，把它们组合起来，形成新的家庭用品，该有多好啊！

17　"聚丙烯椅子"
——印在邮票上的椅子

　　这把椅子的名字实在是太过平凡了，"聚丙烯，不是家具制作中一种很常用的塑料原料吗？一把塑料椅子罢了，有什么稀奇！"的确，这把椅子是用聚丙烯做的，但这把"聚丙烯椅子"（Polypropylene Chair）可不简单：它是世界上第一把椅座完全采用注塑成型的批量化生产的椅子，1963年设计出来之后，一直生产至今，在全球已经售出超过五千万把。2009年，这把造型整体、轻巧舒适、价廉物美的椅子，被评为"大不列颠设计经典作品"，并被印在英国邮政为纪念20世纪英国设计的经典而发行的一套特别邮票上。

聚丙烯椅子

　　椅子的设计师罗宾·戴（Robin Day，1915—2010）是20世纪最著名的英国设计师之一。他出生在离伦敦不太远的海维克姆（High Wycombe, Buckinghamshire, England），这是

英国为纪念本国 20 世纪的设计经典发行的邮票

一个以制作家具出名的市镇，罗宾在那里度过了童年，后来就读于家乡的海维克姆技术学校（High Wycombe Technical Institute）。他在绘画方面很有天赋，于是转学到海维克姆美术学校（High Wycombe School of Art）学习，并且在 1934 年获得奖学金而进入了英国皇家艺术学院。念书的时候在学院举办的一场舞会上，认识了未来的妻子，1942年结婚。他的妻子露茜安·戴（Lucienne Day, 1917—2010）也是一位很有才气的设计师，后来在纺织品设计方面做得很成功。

毕业的时候，"二战"爆发了，罗宾成为家具设计师的梦也被中断。他先后为政府和军队做过一些临时建筑、宣传展览的设计，也在一些艺术和设计学校教过书。一直到1948 年，迎来了设计生涯的转机——那一年，美国纽约现代艺术博物馆（MoMA）举办的低成本家具设计大赛上，罗宾和另一位设计师克里夫·拉梯默（Clive Latimer）获得一等奖，他们用胶合板制作了一批管状储存单位，然后用这些"管子"巧妙地组合成一系列多功能的储存空间。虽然这个作品没能投入批量生产，但这种构思却引起了国际设计界的高度关注。此后，罗宾·戴开始崭露头角，一些重要的订单也接踵而来。

1951 年，罗宾·戴夫妇受邀为英国节（Festival of Britain）的居家和花园大厅（Homes

英国设计师　罗宾·戴（Robin Day, 1915—2010）

& Gardens Pabilion）设计师具、墙纸和室内纺织品，获得很高的评价。夫妇两人满怀热情，毕生致力于为民众设计优秀的、价格实惠的产品。罗宾夫妇的设计，扭转了战前英国设计的保守面貌，推广了造型优美的英国现代设计美学新观念，塑造了战后英国的物质形象，深刻地影响了"二战"以后一代又一代的设计师。他们夫妇亦被称为"英国的伊姆斯"（伊姆斯夫妇是战后美国最著名的一对设计师）。

　　罗宾·戴最为人熟知的设计领域是家具，但其实他的设计领域还涵盖平面设计、展示设计、室内设计（包括地毯设计、桌布设计等），以及飞机客舱的内部设计等多个方面。在 20 世纪 50 年代至 70 年代，罗宾·戴是现代家具设计的先锋人物，创造了多个"世界第一"：1953 年，他设计了英国第一把胶合板椅子"Q Stake"；1962 年，他设计了世界上第一把室内室外通用的 Polo 椅子；1963 年，他设计了世界上第一把注塑成型的"聚丙烯椅子"（Polypropylene Chair）。他设计的家具，有着鲜明的共同特点：好看，好用，便于批量化生产，无须太多维养，这些座椅一直沿用至今。

　　硕果累累的职业生涯长达七十年，亦是罗宾·戴夫妇传奇的一部分。直到九十高龄，他还受邀为英国的 SCP 公司、意大利的玛吉斯公司（Magis）设计师具。罗宾·戴的设计，一直遵循现代主义的原则和精神，不为时尚潮流所左右，即便是价格低廉的家具，经他设计，也被赋予一种温暖、高雅的质感。罗宾·戴的设计，为 20 世纪的英国设计增色不少。1959 年，罗宾·戴入选为英国皇室工业设计师，他是英国特许设计师协会成员，并荣获该协会颁发的最高终身荣誉奖。

18 潘顿椅子
——"恐怖儿童"的天才之作

这种曲线优雅、色泽鲜艳的S形椅子，可不是一把普通的塑料椅，这是被载入现代工业设计史的作品——它是世界上第一种整体模压制造的椅子，被列入了丹麦文化珍宝的名单。

可堆叠塑料椅子的设计构想，最早好像是德国建筑师密斯·凡·德·洛在第二次世界大战之前就提起过。而丹麦设计师维尔纳·潘顿（Verner Panton，1926—1998）则更进一步，他从20世纪50年代初期，就一直琢磨着要做一张不但是可以堆叠的，而且是悬臂式塑料椅子——椅背、座板、椅脚连成一体，一次成型。从20世纪的50年代到60年代，潘顿一直不停地在草稿本上一遍又一遍地画着他心目中

潘顿椅子

潘顿椅子使用实景

这种独特的椅子。1960 年，用石膏模子铸出了第一种样板椅。

后来，潘顿结识了瑞士家具公司维特拉（Vitra）的创办人的长子罗尔福·菲尔鲍姆（Rolf Fehlbaum, 1941— ），这位当时才二十出头的年轻人，冲劲十足、锐意求新，对潘顿的"无腿"椅子非常感兴趣，积极投入了这场试验。终于，他们用加入玻璃纤维的强化聚酯塑料、采用冷压的加工方法，在 1965 年生产出了这种当时被称作"自由摇摆人"（free-swinger）的椅子，工艺简单、造型典雅，并且可以叠放，成为现代家具史上革命性的突破。

不过，用冷压方式生产出来的椅子比较沉重，而且还需要打磨、修边等后期加工，不但增加了成本，而且表面光洁度也会受到影响。于是他们再接再厉，引入新工艺和新材料，终于在 1968 年生产出用热塑性聚苯乙烯为原料、热压加工成型的新一代产品来，最终命名为潘顿椅子（Pantonstolen，也常被人因形命名，叫作"S 椅子"）。这种椅子，侧面看去像一位长裙曳地的婀娜少女， 有七种彩虹一般的颜色可供选择，既赶上了 20 世纪 60 年代塑料产品成为时尚的潮流，又恰逢新材料新技术层出不穷的"太空时代"，更有波普艺术光环加持，真是想不火都难！推出之后，不但受到市场热捧，设计评论界也好评如潮，丹麦的设计杂志 *Mobilia* 专文介绍，英国时尚杂志 *Nova* 也将它登上了封面，引起极大轰动。

虽然在 1979 年，由于碰上"石油危机"，"塑料热"随之退潮，这种椅子曾短期停产过一阵，但消费者对它念念不忘，因此仅仅四年之后，维特拉公司将材料更换成质量更好的聚丙烯，再次推出，并且增加了更多的颜色，供消费者选择，还出品了缩小版的潘顿儿童椅。潘顿椅子一直生产至今，已经成为现代家具设计的经典了。这种有着玲珑曲线、轻盈流畅的椅子，成为几乎全世界所有主流设计博物馆的永久性藏品，1995 年，它还登上了著名的时尚杂志 *Vogue* 英国版的封面。

维尔纳·潘顿被视为 20 世纪丹麦最重要的家具设计师、工业产品设计师、室内设计师。他擅长使用不同的材料，对流畅奔放、色彩鲜艳的塑料材质，更是情有独钟。潘顿对于色彩相当有心得，他发展的"平行色彩理论"，即通过几何图案，将色谱中相互

丹麦设计师　维尔纳·潘顿（Verner Panton，1926—1998）

靠近的颜色融为一体，为他创造性地利用色彩丰富的新材料打下了基础。

　　1951 年，潘顿毕业于哥本哈根的丹麦皇家艺术学院（Det Kongelige Danske Kunsta-kademi）建筑系，起初跟随丹麦著名的现代建筑师、设计师阿尼·雅克布森做建筑，三年后便成立了自己的设计工作室，从事建筑设计和产品设计。他早期的建筑项目有相当前卫的试验性特点，比如"倒坍房屋"（Collapsible House，1955）、"纸牌屋"（The Cardboard House）、"塑料屋"（The Plastic House，1960）等。因其跳脱不羁的风格、标新立异的造型，曾有"恐怖儿童"（enfant terrible）的称谓。

　　潘顿擅长运用鲜艳的色彩和崭新的素材，开发出充满想象力的家具和灯饰，他在这个时期先后设计的"元锥椅子"（Cone Chair，1958）、"孔雀椅子"（Peacock Chair，1960）、"潘顿S椅子"（Verner Panton S-chair model 275 Thonet）、模数家具1—2—3（Modular Furniture 1—2—3）；以及"潘特拉灯具"（Lamp Panthella，1970）、VP 球形吊灯（VP Globe Pendant lamp，1975）等，都相当精彩。他对室内设计、环境设计、展览设计也非常有心得，曾经担任德国制药名厂拜耳（Bayer）一系列产品年展的总体设计师，那些类似立体拼图的、色彩斑斓的室内和家具设计，充满了外太空的神秘感，让人脑洞大开。

19 吹气椅子
——意大利的后现代设计三人组

　　这种像气球一样"吹"起来的椅子，名字就叫"吹气"（Blow），是由意大利后现代三人组的乔纳森·德·帕斯（Jonathan De Pas, 1932—1991）、多纳托·德乌比诺（Donato D'Urbino, 1935— ）和保罗·罗玛兹（Paolo Lomazzi, 1936— ）在 1969 年设计的。这种椅子虽然看起来像玩具多于像家具，但它却千真万确是世界上第一件充气的家具，不但经由批量化工业生产制造，而且还创下了不俗的销售记录。"吹气"椅可以看作是一个时代变迁的象征，准确地反映了当时人们对日常生活方式、室内家居氛围的态度的转变。

　　传统上，人们对理想家具的概念是结实、经久、材料考究、做工精良。然而在 20 世纪 60 年代末，这些传统理念受到强有力的挑战。在波普文化的影响下，家居生活变得更加休闲放松、自由自在，家具不但要有用，还要有趣、有型，至于是否经久耐用，已不是最重要的考虑因素了，越来越多的日常用具变成"用完即丢"，家

吹气椅子

意大利后现代设计三人组设计的沙发"乔"

具也不例外。年轻一代消费者，不希望守成，而是充满不断变更的欲望，越来越"喜新厌旧"了。"吹气"椅正是在这样的背景下，应运而生的。

这种椅子，用糖果色的透明 PVC 塑料薄膜加工而成，易搬动，易收藏，轻盈有趣，价格低廉。一经推出，便大受欢迎，迅速成为流行指标。几位设计师当时三十多岁，充满活力，尝试对固有传统发动全方位的冲击。他们于 1966 年开始合作，组成设计三人组，以"设计好的、开心的、有用的产品"（create nice, happy and useful objects）为宗旨，设计出很多具有前瞻性的作品来。除了这种"吹气"椅之外，像一只巨大棒球手套的"乔"（Joe）沙发，也是他们的作品，也是那个年代的象征物之一。

说到这个三人组，想提提意大利前卫的激进设计运动。在经济发展上，意大利虽然不如英美那样先进，但是在设计文化上，意大利却非常前卫。20 世纪 60 年代意大利的社会风潮与其他西方国家类似，新生的青少年一代成为非常重要的消费群，而知识分子中的不少人对于那种单纯考虑为上层服务的设计也感到不满和仇视。因而，各种新的、具有反叛动机的激进设计运动在意大利蓬勃开展，成为当时世界上非常具有时代特点的设计浪潮。

到 1966 年前后，受到国际激进主义运动的影响，尤其是英国当时出现的波普设计运动的影响，意大利激进主义设计运动风起云涌，出现了不少以建筑设计为中心的激进设计集团，其中比较重要的有超级工作室（Super studio）、4N 集团（Gruppo NNNN）、风暴集团（Gruppo Strum）等。这些集团虽然都是由建筑设计师为主组成的，但是他们主要还是集中于对未来世界的非正统化设想的讨论，仍是一种乌托邦式的探索，大部分作品都只停留在草图、照片拼贴阶段，基本没有什么设计是真正成为建筑事实的。他们宣扬要走另外的道路，或者称为不同选择的道路（alternative path），反对正统的国际主义设计，反对现代主义风格，提倡坏品味（bad taste），或者任何非正统的风格，包括各种历史风格的复兴和折中处理，明确宣称要避开技术品味（techno-chic），也就是流行的国际主义风格，同时也反对大工业化的生产方式。这是一股具有强烈反叛味道的青年知识分子的乌托邦运动，被笼统称为"反设计运动"。

意大利的激进设计运动在 20 世纪 60 年代末期达到高潮，当时，意大利国内学生运动也在校园中风起云涌，群众示威层出不穷，这些激进的运动与社会上对于消费社会感到失望、不满的群众合成一股力量，显得强大有力。设计界提出新的理想的生活空间、新的生活社区、新的家庭用品、新的家具等，在不少激进设计杂志刊登，比如《IN》《卡萨贝拉》（Casabella）显示了这些设计师们希望摆脱这个被认为腐败的丰裕社会，摆脱资本主义的商业主义纠缠、回归自然的愿望。但是，由于这种激进的设计思潮脱离社会实际，也脱离工业生产与市场规律实际，因此，这些设计基本没有得到接受，也没有被企业厂家生产，只留存在设计阶段，成为这个特定时代、特定地点的一段历史。

意大利的主流设计和这种激进主义设计基本是泾渭分明的，井水不犯河水，没有关联。但是，也有几家公司力图打破这种分离，采用部分激进设计来进行商业生产。其中最成功的例子是著名的家具公司扎诺塔（Zanotta）采用了由三位激进设计师皮埃罗·加提（Piero Gatti, 1940— ）、赛瑟尔·包里尼（Cesare Paolini, 1937—1983）和

意大利后现代三人组的乔纳森·德·帕斯（Jonathan De Pas, 1932—1991）、
多纳托·德乌比诺（Donato D'Urbino, 1935— ）和保罗·罗玛兹（Paolo
Lomazzi, 1936— ）

佛兰科·提奥多罗（Franco Teodoro, 1939—2005）设计的反潮流椅子"袋椅"（Sacco chair, 1968）。这种椅子其实就是一个充填软垫的袋子，完全打破了传统的椅子的观念。另外一件重要产品就是吹气沙发。这个设计其实就是把气球与沙发结合，采用透明和半透明塑料薄膜为材料，具有非常明显的气球特征，也非常反常规。这两种椅子的设计，在某种程度是受到美国波普艺术运动的雕塑家克莱斯·奥登堡（Claes Oldenburg, 1929—　）的影响，它们虽然是激进主义的，但是与大众市场，特别是具有反叛精神的青少年市场结合得很好，因此反而风行一时，大受欢迎。然而，必须强调指出：这只是极其个别的现象，激进主义设计在意大利和世界各地都与主流设计没有多大的关系，对于主流设计运动的影响也相当微弱。

　　自从20世纪70年代开始以来，随着社会动乱因素的逐步消退，消费层逐步稳定化，激进主义设计运动，或者反设计运动也就很快消退了。意大利的主流设计与工业生产在此期间依然紧密结合，不断提高意大利设计的水平。一些主流设计的新人也开始涌现，比如玛利奥·贝里尼（Mario Bellini, 1935—　），他为奥利维蒂公司设计的棱角分明的新打字机，改变了原来美国体系打字机圆角的基本模式，创造了一种既是现代的，也是意大利的工业产品新模式。经过意大利设计师十多年的努力，20世纪70年代，意大利的设计风格，或者被时髦地称为"chic"的意大利设计，开始取代斯堪的纳维亚风格，成为世界设计的潮流标杆。

20 "药丸"椅子
——让你无法正经

20世纪60年代是设计上出现最多稀奇古怪作品的一个时期，这应该与当时激进、反主流的社会文化有关。意大利的"反设计"（anti-design）就是发生在那个时代，连一向平稳的北欧也感受到这股新浪潮，芬兰设计师艾罗·阿尼奥（Eero Aarnio, 1932— ）设计的好几把椅子，后来都成了经典。

"药丸"椅子

阿尼奥第一次"出道"是在1966年德国科隆的家具展（Cologne Furniture Fair），那次他展出了自己著名的"球椅"（Ball Chair）。这把椅子其实早在1960年就设计了，当时阿尼奥从芬兰最大的家具公司Asko接到设计订单，请他设计一把塑料椅子。他考虑再三，决定设计一个和传统椅子完全没有任何相同之处的新座椅，做成球的形式，让人坐在白色的塑料球里面。这个塑料球其实是用玻璃纤维钢的材料，因此非常结实。里面衬着柔软的纺织品和软垫，椅子又比较矮，因此坐上去，有点好像陷在里面一样，非常舒服。并且由于坐在球里面，周围的噪音得到一定程度的屏蔽，因此很安静、很私密，

舒服自在的坐姿

坐在里面看书，惬意得很。唯一不足就是尺寸比较大，球的直径已经有一米，还要留足空间让它转，因此需要有相当大的地方才行。这把椅子在科隆展上出名之后，Asko 就继续找阿尼奥设计，这样就有了接二连三的经典出现，而高潮就是 1967 年的"药丸"（Pastil）椅子。

20 世纪 60 年代的设计潮流是自由派波普（Liberal Pop），色彩鲜艳的塑料家具最具有这种自由派的波普感觉，这种社会氛围，是阿尼奥在当时脱颖而出、成为超级明星的重要原因。Pastil 椅子是用色彩鲜艳的塑料做成的，好像一颗扁扁的超大围棋子，或者像一颗巨大的水果糖，在上部开了一个缺口，坐下去舒服得很，而且非常随意。这把椅子，放在哪里都很张扬，就像是一个出色的自由波普雕塑。

"药丸"椅子 1967 年推出，1968 年就获得美国工业设计大奖（the American Industrial Design Award），一下子风靡西方世界。它坐上去的确很舒服，因为是陷在一颗"水果糖"中间，所以要求在这把椅子上正襟危坐就太有难度了。我看阿尼奥设计的几把椅子，都没法坐得很正经，娱乐性足够，正规性没有，是很具有反叛意识的。这把"药丸"椅子需要的空间比球椅更大，设计的时候，就是考虑到户内、户外都可以用的。

芬兰设计师　艾罗·阿尼奥（Eero Aarnio，1932—）

塑料在 20 世纪 60 年代成为主流时尚材料，因而才出现了这么多设计塑料家具、用品的大师。塑料的原料是石油，1973 年石油输出国组织对西方实行禁运，能源危机爆发，塑料潮流也随之消退。到了 21 世纪，这些经典设计再次出现，就具有很强烈的怀旧感了。

21 "麻将"沙发
——几代人心中的经典

　　沙发设计有个套路，就是设计成方方正正的单体，设计中叫作"模数"单体。意思就是设计标准的单体，然后让用户自己拼合，好像砌起来的麻将一样，有趣、方便，富于变化。有些设计采用纯色的，这样的沙发放在办公室落落大方；而有些则设计成五彩的，显得生动活泼饶有趣味。家具设计中这种手法现在已经很常见了，但是几十年前还是很标新立异的。法国有家著名的家具公司，叫罗奇堡（Roche-Bobois），是最早推出这种新概念家具的公司之一。

　　罗奇堡在1971年曾经推出过一款沙发，叫"麻将"（Mah Jong sofa），就是从中文音译的。我第一次看见这款设计，还是在洛杉矶的"太平洋设计中心"的展示间里，

色彩变化很丰富，搭配方式就更多了，虽然变化多端，但基本形式依然是一块一块的，有点麻将的意思。

　　"麻将"这个词进入西方的语汇已经很多年了，拼读为"Mah Jong"，

"麻将"沙发

用"麻将"沙发装扮的客厅

在西方的含义包括有技巧、谋略、算计，还有运气等意思。中国麻将是四个人围圈坐下来打的，德国设计师汉斯·霍佛（Hans Hopfer，1931—2009）在设计这款沙发的时候也用了这个概念，也可以围圈坐下。罗奇堡用"麻将"来命名这组可以任意摆弄组合的沙发，想表现一种有趣、戏谑、生动、多变的意味，还带上一点东方式的调侃。而"麻将"沙发的生产制作，也近乎公司的一场"游戏"：公司每年更改"麻将"沙发的面料，每次更改都找不同的面料商，所以跳跃度很大；加工厂家也是次次不同，最近在米兰家具展上看到的"麻将"沙发已经是第十一个版本了，是由著名的时尚品牌 Missoni 加工的，纯手工缝制滚边、好坐、好看，还年年不重样，要不怎么说是时尚和品质的结合呢？

汉斯·霍佛出生在阿根廷，是第一位将模块概念引进沙发设计的设计师。除了设计

德国设计师　汉斯·霍佛（Hans Hopfer，1931—2009）

之外，他还是一位画家、雕塑家，活跃在布宜诺斯艾利斯和欧洲的纽伦堡、巴黎等地。四十多年前，他提出了"沙发景观"（sofa landscape）的概念，围绕着"组合、叠放、多重性"的基本考量，设计了这款沙发，在欧洲风行一时，成为时尚。

汉斯·霍佛的设计追求高质量的工艺，对细节非常考究。他曾说，"一件产品，只有当我无法减少一分，也不能增加一点的时候，才是完美的"（A creation is perfect, if I cannot remove anything — if I cannot add anything）。他的设计总是很有弹性，留出足够的空间让使用者自行发挥，恐怕这也是他的作品能够突破时间、空间的局限，成为几代消费者心中经典的原因吧。

家具设计用模数单位切入，曾经被认为"刻板"，但自从罗奇堡这款"麻将"沙发组件之后，这种手法就用得越来越多了。不过，大概因为罗奇堡的印象先入为主，所以我现在看见类似的设计，都会想起"麻将"沙发来。

一种设计概念一旦流行，并且流行了几十年，就几乎没有可能不被模仿的了。当然，如果在质材方面有些改变，设计上也不完全照套，还是可以有自己的特点的，也无所谓模仿不模仿。但如果质材相当接近，甚至完全一样，就属于抄袭，情况就不同了。前年在国内一个品牌家具的展示厅中我曾经见到过几乎完全一样的模数沙发，甚至可以说叫作国产的"麻将"沙发，感觉不是太舒服。那组彩色沙发，起了个与意大利高端跑车极为近似的名字——"兰博西尼"，而沙发的设计则照套罗奇堡原型。这个品牌的负责人宣称：它们的设计是自己开发的，和法国没有关系。看看产品，我想熟悉设计的人大概心里都会有个斤两的吧？然而，设计界虽然有所争议，但是公司好像并没有遇到什么法律上的问题，由于价格比罗奇堡的产品便宜很多，所以照样卖得不错。设计是创意的事情，如果创意成了抄袭，就让人没法开心了。做设计的人，碰到知识产权的问题，真是很头痛呢。

22 嘴唇沙发
——源自达利的浪漫风潮

这件浪漫至极，既强烈具有女士嘴唇的性感联想，又突出彰显萨尔瓦多·达利（Salvador Dali，1904—1989）疯狂创意的沙发，自面世之日起，就成了收藏家们的目标。这是一件在现代设计史中很具艺术倾向、走高端收藏路线的作品，不少

萨尔瓦多·达利设计的嘴唇沙发

博物馆都有收藏，将其作为现代设计中一个性感的符号。也有些艺术博物馆将它与超现实主义的绘画、雕塑放在一起，作为现代艺术发展中一个时代的象征。

这件沙发的构思，源自达利创作的一个装置。那是在 1934 年至 1935 年，达利以当红的美国女电影明星梅·维斯特（Mae West，1893—1980）刊登在一份杂志上的照片为动机，设计了一个超现实主义的室内装置：一堆丝质挂帘像是维斯特的头发，两张挂在墙上的照片像是一对眼睛，一个做成鼻孔模样的壁炉靠在墙壁中间，而在房间的正中摆放着一件"沙发"，形状酷似这位女星标志性的圆润红唇。达利当时并没有打算做成一件真的可以供人坐的沙发，那只是一块铺上缎子面料的木头而已。

"65 工作室"设计的"玛丽莲"嘴唇沙发

　　几年之后，一位热衷于超现实主义艺术的英国收藏家爱德华·詹姆斯（Edward James，1907—1984）将这个装置买下，并将整个空间设计成一个超现实主义的奇妙幻境。他请达利仍以梅·维斯特的性感嘴唇为动机，为他设计一件真正的沙发。达利的原型沙发分成三个部件：一个长方形的木质底框，一个下唇型的座板，和一个上唇形的靠背，座板和靠背都铺有朱红唇膏颜色的缎面软垫。当时，这种沙发一共做了五件。现在有两件收藏在鹿特丹的波伊曼·凡·布宁根博物馆（Museum Boijmans Van Beuningen），另外三件则在西班牙菲格雷斯市的达利剧场暨博物馆（Dali Theatre and Museum in Figueres）中展出。

　　做好的沙发交给了爱德华·詹姆斯，但达利对它却始终未能忘怀，并激起了他创作超现实主义家具的兴趣。以后的岁月里，他总会时不时地在速写本上勾勒出一些活跃在他脑海中的惊世骇俗的家具草图。直到 1972 年，达利与年轻的西班牙建筑师、设计师奥斯卡·图斯奎特·布兰卡（Oscar Tusquets Blanca，1942— ）结成忘年交，在后者的鼓动下，达利重新设计了这件嘴唇形的沙发。新的设计变成了两个部分——底部平直、顶部凸凹有致的坐垫，和三凸两凹形的靠背。沙发的表面上，不但有仿真的嘴唇褶

达利的超现实主义室内装置

西班牙艺术家　萨尔瓦多·达利（Salvador Dali, 1904—1989）

皱，还有稍稍凸起的达利签名。但是，由于当时材料和技术的限制，这张沙发一直没有能够投入批量生产，只是按订单手工制作。这些手工制作的嘴唇沙发，每张都经过达利基金会的认证和注册，因此市面上很难见到，价格也相当昂贵，目前看到的市场价格是8000美元至9000美元一张。又过了三十多年，技术条件完善了，这张被命名为"达利嘴唇"的沙发（Dalilip Sofa），才终于登上了奥斯卡·图斯奎特主持的BD公司（Barcelona Design）2004年的产品目录，它的长度为170厘米，由聚氨酯发泡塑料和纺织面料制成，定价为1741欧元。

在市面上比较容易见到的，是另一张"嘴唇沙发"——它的坐垫部分底部呈曲线形、顶部并无凸凹，面料绷得很平顺，没有唇纹，当然也没有达利的签名。它显得厚墩墩的，更加宽大松软。这张原名为"波卡"（Bocca）的沙发，是一个名为"65工作室"（Studio 65）的意大利设计团体的作品。在意大利语中，Bocca就是"嘴唇"的意思，而这张沙发太容易让人联想起美国女星玛莉莲·梦露（Marilyn Monroe，1926—1962）来，所以65工作室干脆就将这张受达利启发而创作的作品命名为"玛莉莲嘴唇沙发"（Marilyn Bocca sofa）了。这张沙发有两种尺寸，一种是长度为210厘米的大型沙发，厚墩墩的，松软宽大，坐在上面，有一种舒服地陷在里面的感觉；另一种则是尺寸较小的双人椅（英语称为love seat）。颜色除了最常见的朱红唇膏色之外，65工作室还设计了几种不同的色彩选择：粉红色、黑色和称为"冰"色的银色。材料也有变化，增加了可以在户外使用的滚塑模制的塑料。

由于65工作室设计的这款"嘴唇"沙发价格相对便宜一点，所以市面上比较多见一些。这款沙发因为主题性太强烈，又带点情色性感的暗示，往往被用在需要营造特别气氛的商业场所，或者特别的文化场合，在家居或公共场所并不常见。当然，有些极为时髦的人士也将它堂而皇之地摆放在客厅，那可是非常吸引眼球的。

23 "特里普－特拉普"椅子
——愿跟着孩子一起"长大"

现在很多人对北欧设计感兴趣，好几年前我曾经出过一本叫《白夜北欧》的小书，后来遇到一些朋友告诉我：他们去斯堪的纳维亚旅行的时候都带着这本书行走，让我很开心。北欧五国中，瑞典、芬兰、挪威、丹麦的家具都极具特色，但是也各有不同。挪威家具不但大气、好看，而且还能够通过特殊的设计来调动使用者的平衡感，达到舒适、自由、健体的多重目的，是非常罕见的。在众多的挪威家具中，看起来像

"特里普－特拉普"椅子

梯子多过像椅子的"特里普－特拉普"椅子（Tripp Trapp）很容易被记住，它可是一把能够陪伴儿童成长的好椅子。

"特里普－特拉普"是一把可以调节的儿童木椅，用山毛榉木做成，是挪威家具设

老少皆宜的"特里普 - 特拉普"椅子

计师彼得·奥普斯维克（Peter Opsvik，1939— ）为家具公司斯托克（the Stokke AS）设计，1972 年推出的。这把椅子的设计完全是设计师从自己的家庭使用经验发展出来的，奥普斯维克在家里吃饭的时候，发现无论什么样的椅子，自己的孩子坐上去都不合适。孩子好动，吃饭很难坐定是一方面的问题，常规的椅子限制了孩子的活动则是另一方面的问题。大家当然希望吃饭的时候孩子能够坐稳，但同时也希望孩子可以和大家一起吃饭，而不是困在椅子里让大人去喂。而且孩子不断长高长大，无论多么好的儿童椅子，没多久就嫌小嫌矮了。奥普斯维克因此萌生了设计新椅子的想法，既要让孩子坐下的时候有比较自由的活动空间，能够适合他们不断扭来扭去的好动天性，同时还需要考虑孩子不断长大，儿童椅子如何去适应的问题。他想设计一把可以随着孩子长大而"长大"的椅子，"特里普 – 特拉普"椅子就是这样设计出来的。和传统的座椅截然不同，这是一把好像小梯子一样的椅子，其座位部分和踏脚部分既可以调高，也可以调宽，孩子长大了还可以照用。折角的设计有效地加大了座椅的支撑面，不易翻侧，即便是走路都还不稳当的孩子，也可以自己安全得像爬楼梯那样爬到座位上去。既安全，又方便，对于有孩子的家庭来说，这是非常重要的功能。设计精细、科学，符合人体尺度，这把椅子的设计，可以说是现代设计开始能够把理性形态、人体形态、美学表现融于一体的经典。

1972年奥普斯维克在设计"特里普－特拉普"椅子的时候，就考虑到这把椅子可以让一个孩子从牙牙学语起，一直用到青少年期，因而座板和靠背的位置都可以随着孩子身体的成长而调整，所以这把椅子也被称为"成长椅"，不少北欧孩子从小到大一直坐在同一把椅子上，这把椅子都成了他们的童年的记忆了。奥普斯维克设计的椅子中，同样著名的还有1979年和另外一位设计师汉斯·克里斯蒂安门·舒尔（Hans Christian Mengshoel，1946—）合作设计的"平衡"跪椅（Balans kneeling chair），这把椅子在设计界获得极高的评价，甚至被视为挪威设计最具代表性的作品。

"特里普－特拉普"椅子刚刚投放市场的时候销售并不太好，1974年，挪威电视台在节目中介绍了这把椅子，使大家认识到这把椅子的妙处，之后就一直热销，迄今在全世界已经销售出近800万把，经久不衰，相当惊人。

奥普斯维克的设计基调是理性和人机工学的综合，从功能角度上来看，他的设计高度理性，高度重视人机工学细节，工业产品设计丝丝入扣；而从形式来说，具有强烈的表现特征，让人过目不忘。把理性、感性结合起来，是他设计的特点。他在设计中总是追寻如何打破常规的框框，创造出完全不同的类型来。自从20世纪70年代开始，他就不断地在努力朝这方向探索，对于他来说，没有不对的使用者，只有不对的设计，他期待能够用设计来适应各种具体的使用者的需求。而具体到设计座椅的时候，他更加希望同一把椅子可以供人用多种姿势去坐，只能够用一种姿势坐的椅子，对于他来说就不是好设计。他认为如果一把椅子让人用同一种姿势坐得过于舒服，反而对人的健康是有负面影响的。他还认为，椅子要给予使用者的身体有自由转换姿势的机会，可以用各种不同的姿势去坐、去靠，甚至去躺，在各种情况下，椅子都应该能够提供最合适的支撑。他发展出一种新的座椅设计理念，叫"动感座椅"（dynamic sitting），对于他来说，坐不是一个简单的动作，而是一个综合人体的形式，调节坐姿

挪威家具设计师彼得·奥普斯维克（Peter Opsvik，1939— ）

的力量来源应该是脚，而不是背。他设计的椅子往往一举几得，兼顾舒适性、合理性、健康性，人在使用座椅时候的平衡感是这种动感的主要概念来源。以他设计的"跪椅"为例，那是一种采用半跪方式"坐下"的特殊设计，使用者在坐的时候同时锻炼了腰椎、背部、腿部、脚部。

彼得·奥普斯维克是挪威重要的工业设计师，在发明新类型家具，特别是与人机工学有密切关系的突破性家具方面享誉世界。他的著作《重新考虑坐的问题》（*Rethinking Sitting*）在 2009 年出版，对于了解他设计椅子的思考过程、设计过程是一个很好的窗口。令人想不到的是：这位非常理性的设计师，还是一位非常杰出的爵士音乐家，从 1972 到 1993 年一直是爵士乐队"克里斯蒂安纳 12"（Christiania 12）的成员呢。

24 "海狸鼠"沙发
——"想想不同"的盖利

弗兰克·盖里（Frank Gehry，1929— ）是当代美国最著名的建筑师之一，他以解构主义设计起家，最终让解构主义在世界得到确认。在建筑史上，能够这样把一个新的建筑风格确定下来的人，实在不多。现代主义建筑是一代人做出来的，后现代主义建筑也是一批人做出来的，解构主义设计也有一些人在做，比如彼得·艾森曼（Peter Eisenman，1932— ）、伯纳德·楚米（Bernard Tschumi，1944— ）等。

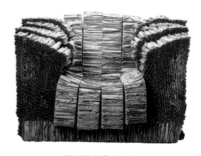

"海狸鼠"沙发

但是，真正令解构主义在世界建筑中脱颖而出、自成一体的，盖利可以说是最重要的一位了。他设计的作品，从他早期用工业建筑材料建造的自家住宅，到庞大的博物馆、歌剧院、企业总部，往往因为造型特殊，成为旅游参观的项目，建筑具有这样的吸引力，也是不多见的。他的著名作品有西班牙毕堡的古根海姆博物馆（Guggenheim Museum in Bilbao）、美国西雅图的音乐体验中心（Experience Music Project in Seattle）、美国明尼苏达的魏斯曼艺术博物馆（Weisman Art Museum in Minneapolis）、捷克布拉格的"跳舞的房子"（Dancing House in Prague）、德国哈特福特的MARTa博物馆（MARTa

"轻松边缘"系列家具

Museum in Herford,）、美国洛杉矶的迪斯尼音乐中心（Walt Disney Concert Hall）。这些作品都成为评论界、建筑界热议的主题，成为 20 世纪末 21 世纪初重要的建筑现象。

　　盖里很早就开始对解构主义（Deconstructivism）建筑进行探索，希望能够从解构方式中找到现代建筑的新方向。解构主义在 20 世纪 80 年代初期，还是属于后现代运动中的一部分，目的是要突破现代建筑的刻板、单一形象。但是，解构主义建筑设计，需要电脑的支持才能够进行；解构主义的建筑，则需要更先进的建筑技术的支持才能够实现，因此，他的设计一直是随着电脑技术、建筑技术、建筑材料技术的发展而发展的。解构主义建筑并不在乎反应特殊的价值观、社会观，也并不需要遵循"形式追随功能"

（form follows function）这些现代主义建筑的原则，具有很高的自由度。

盖里最早引起设计界注意的作品，是一张在 1972 年用瓦楞纸制作的"海狸鼠"沙发（Beaver chair）。当时苹果电脑打出一段广告，叫"想想不同"（Think Different），立意是要推动苹果电脑的超前设计概念，用的就是他这张沙发，结果一下子出了名。当时，盖里推出了一个名为"轻松边缘"（Easy Edges）的瓦楞纸家具系列，包括沙发、座椅、躺椅、摇椅等，这是其中的一张。

纸板家具大概是在 20 世纪 60 年代出现的，当时仅仅是考虑价廉的因素，并不耐用，但是因为价格低廉，用坏了就丢掉，是很典型的损耗型消费品。因为纸板强度不足，为了使椅子结实一些，采用了把纸板折叠起来，多次重叠使用、里面用木棍加固等方法。当然，无论怎么加固，纸板的强度依然没法和塑料相比，所以到后来塑料的成本越来越低，纸板家具就越来越没有市场的空间了。

那是在 20 世纪 70 年代初，盖里的工作室里堆放着一些准备用来做建筑模型的瓦楞纸板，他发现这些纸箱堆叠起来之后很有弹性，也不太容易损坏，因此考虑用瓦楞纸板代替常规的纸箱纸板设计椅子。他把整捆瓦楞纸堆起来，试着坐一下，非常舒服，经过加固处理，于是就设计出一系列极为另类的椅子来了。这张"海狸鼠"瓦楞纸板沙发以及一批类似的家具，注册之后由纽约的"轻松边缘有限公司"出品。

盖里出生于加拿大多伦多的一个波兰犹太移民家庭，1947 年迁居到洛杉矶，在洛杉矶市立学院（Los Angeles City College）读书，之后进入南加州大学建筑学院（University of Southern California's School of Architecture）。1954 年毕业后，曾经在几个建筑事务所工作，也参军过一段时间，之后到哈佛大学建筑研究院学习城市规划。大概因为童年是在加拿大度过的，因此他特别喜欢冰球，他自己也经常打冰球，并且在 2004 年设计了冰球世界杯的奖杯。移居美国后，他基本定居在洛杉矶的圣塔莫尼卡。盖里成名较晚，大约是到 20 世纪 80 年代后期才因为设计自己的住宅名声大噪。20 世纪 70 年代，他还是个不太混得开的建筑师，设计这把椅子之后，他开始出名，但是他拿到真正重要的建筑设计项目，那是又过了十来年的事情了。

美国建筑师　弗兰克·盖里（Frank Gehry，1929— ）

　　盖里真正开启解构主义先河的作品是为瑞士家具公司维特拉设计的维特拉设计博物馆（Vitra Design Museum，1989）， 在这个作品之后，盖里的解构主义建筑就日渐形成体系了，他的这批瓦楞纸家具现在就陈列在维特拉设计博物馆里。

　　为盖里赢得巨大国际声誉的作品，莫过于他在西班牙毕堡设计的古根海姆博物馆（Guggenheim Museum Bilbao, Bilbao, Spain，1997），这栋建筑具有强烈的解构主义特征，破碎、流动、雕塑感强烈。由于这个作品，毕堡成了西班牙的旅游热点城市，一栋建筑影响了整座城市，古根海姆博物馆是最好的一个范例了。之后，盖里就应接不暇了，各国的设计项目蜂拥而来：纳斯特出版集团总部在纽约时代广场的附属咖啡馆（Condé Nast Cafeteria, Fourth floor of the Condé Nast Publishing Headquarters at Four Times Square, New York City, New York，2000）、柏林DZ银行大楼（DZ Bank building, Pariser Platz 3, Berlin, Germany，2000）、西雅图音乐体验中心（Experience Music Project, Seattle, Washington，2000）、德国汉诺威的盖利塔（Gehry Tower, Hanover, Germany，2001）、纽约的三宅一生旗舰店（Issey Miyaki flagship store, New York City, New York，2001）、洛杉矶的迪斯尼音乐中心（Walt Disney Concert Hall, Los Angeles, California，2003）、麻省理工学院斯达塔中心（Ray and Maria Stata Center, Massachusetts Institute of Technology, Cambridge, Massachusetts，2004）、德国哈特福特艺术博物馆（MARTa Herford, Germany，2005）、纽约的IAC大楼（InterActiveCorp—IAC Building, New York，2007）、迈阿密海滩的新世纪交响乐中心（New World Symphony campus, Miami Beach, Florida，2010）以及迪拜古根海姆博物馆（Guggenheim Abu Dhabi, Abu Dhabi，2011—2012完工）等。虽然其中一些建筑存在着色彩过于鲜艳、造型过于破碎，甚至由于拼接太多而导致漏雨等问题，引起很多争议和批评，但盖里在现代建筑设计界的国际性影响，却是毋庸置疑的。

　　名家名作，虽然是一堆瓦楞纸，却的确有价值！

25 普鲁斯特椅子
——意大利"老顽童"的非主流设计

意大利几乎是唯一的在家具设计和产品设计上都与建筑上的后现代运动呼应的国家，这里出现过20世纪60年代的"反设计"运动，之后在20世纪70年代末期出现了"阿基米亚"设计团体（Studio Alchimia），随即再形成"孟菲斯集团"（Memphis Group），都是设计史上绝无仅有的激进设计运动，其中涌现过好多恶搞现代主义、恶搞传统的新古典主义的设计，观念上离经叛道，设计上极为前卫，也不走大批量生产的路径，反倒一一成了收藏品和博物馆的展品。其中最著名的人物有两位，一位是艾托尔·索扎斯（Ettorre Sottsass，1917—2007），另外一位就是被称为"老顽童"的亚历山德罗·门迪

普鲁斯特椅子

摆放在书房里的普鲁斯特椅子

尼（Alessandro Mendini，1931— ）。

门迪尼 1931 年生于米兰，是一位建筑、设计、艺术多栖的后现代人。他设计的很多产品，特别是家具都成了博物馆收藏的经典。这些家具大部分都介于艺术与设计之间，深受收藏家与设计迷的喜爱。门迪尼设计的一把花哨的椅子"普鲁斯特座椅"成了后现代主义在意大利最极端的作品之一。这把椅子的造型是从巴洛克装饰烦琐的设计中提炼出来的，面料是五颜六色的纺织品，回想一下当年的主流可是密斯的"巴塞罗那椅子"、马谢·布鲁尔的钢管椅子，或者查尔斯·伊姆斯的躺椅那种类型的机械感强烈的家具，就能明白门迪尼的这个设计在那个时代会引起多么强烈的社会反响了。这把椅子成为后现代主义在家具设计上一声嘹亮而刺激强烈的号角，设计的意义远远超过椅子本身。这件 1978 年设计的普鲁斯特扶手沙发完全手工雕刻，面料亦用手工点绘，色彩斑斓，座椅造型具有巴洛克式的华贵感，近 30 年来，仍是以手工的方式限量生产。因是按照订单限量生产的产品，使得它具有很高的收藏价值。

　　门迪尼的这把椅子原是为意大利费拉拉市的戴亚曼提宫（Palazzo dei Diamanti, Ferrara, Italy）设计的的，简称"普鲁斯特椅子"，面世之后立即成为 20 世纪设计的经典，被认为是最能代表他的设计特征的一件作品。最近，被称为老顽童的门迪尼又为经典的普鲁斯特椅子换上新衣，把 1978 年设计的椅子重新包装，主要改动了面料的色彩和渲染方式。椅子的面料换上全新的棉质纤维布料椅套，并遵循传统家具做法手工涂装。而座椅的整个基本造型则保持了 1979 年的原样，但色彩极为鲜艳，比之原作，更加调侃、更加恶搞、更加有趣、更加刺激。

　　普鲁斯特扶手沙发价格不菲，在美国网上我查到是 12804 美元一把。从设计理论角度来看，普鲁斯特椅子是典型的后现代主义经典作品。后现代主义是 20 世纪 60 年代开始发轫于建筑设计的运动，反对现代设计的刻板、单一、机械感，强调色彩丰富、装饰性强、设计具有强烈的嘲讽、恶搞、拼合、堆砌，用历史设计符号大拼凑的手法达到反现代主义设计的目的。这种做法，和当年的社会风潮是一脉相传的。反权威、反主流、反正规、反架上艺术、反大企业霸权的社会思潮，是刺激门迪尼、索扎斯这些人挑战现代主义设计的主要动机。

　　门迪尼于 1979 年开始初露头角，那时候他积极参与了意大利的激进设计运动，参加了索扎斯、米切尔·德鲁奇（Michele De Lucchi, 1951— ）创立的前卫的、反设计的"阿基米亚事务所"（the Studio Alchimia），1982 年，门迪尼参与组建了意大利第一个纯粹的设计研究生学校"多姆斯设计学院"（Domus Academy）。作为建筑师，门迪尼设计了好几座重要的后现代主义建筑，比如在意大利奥美格纳的阿列西住宅（the Alessi residence in Omegna）、托斯卡纳地区的比其拉亚剧院（Teatrino della Bicchieraia" Arezzo , Tuscan）和奥美格纳博物馆（the Forum Museum of Omegna）、在日本广岛设计的一个纪念碑、在荷兰设计的格罗宁根博物馆（the Groninger Museum）、在瑞士设计的阿罗萨住宅（the Arosa Casino）等等。他获得过包括金罗盘奖（the Compasso d'oro）在内的许多国际设计奖项，有纽约建筑联盟（the Architectural League of New York）的

意大利设计师　亚历山德罗·门迪尼（Alessandro Mendini，1931— ）

荣誉头衔，也获得法兰西文学艺术院士（Chevalier des Arts et des Lettres）的头衔。

除了在意大利现代建筑的发展过程中起到举足轻重的作用之外，门迪尼同时也从事产品和平面设计，在设计界名气很大。他的设计最善于把各种不同的文化混合起来，把不同的表现方式混合起来，他所作的平面家具、室内、绘画、建筑作品都有这个特点。他还利用自己担任一些重大的设计竞赛评委的机会，推荐和扶持一些新锐的青年设计师，比如在韩国的 DBEW 建筑大赛、德国布劳恩公司（the Braun prize）设计大赛中，他都积极推出过一些新人。他经常为意大利的设计杂志《卡萨贝拉》（Casabella）、《摩多》（Modo）和《多姆斯》（Domus）撰稿和做一些设计，鼓励对新设计的探索，对反主流文化的设计起到重要促进作用。他在米兰大学担任教授，因此也通过讲台来促进现代设计的发展。他和弟弟弗朗西斯科·门迪尼（Francesco Mendini，1939— ）合作组成的设计事务所（the Atelier Mendini）设在米兰，设计的作品都很有这种后现代的色彩。

26 温克躺椅
——日本设计与世界的接轨

　　最舒服的椅子类型有哪一些呢？这个问题其实比较容易找到答案，那就是汽车驾驶的座椅，因为汽车座椅要考虑到长时间驾驶的舒适性和安全性，因此是座椅设计中对人机工学因素考虑得最为周全的。只不过很少有人会想到要把汽车的设备用在一般产品设计上，所以也就很少有人在设计师具的时候想过汽车设备的参考价值。但日本设计师喜多俊之（Toshiyuki Kita, 1942—　）设计的"温克躺椅"（Wink Lounge Chair，温克有眨眼的意思，指座椅的折叠功能），恰恰是因为他慧眼独具地看到了这一点，并成功地应用，从而受到国际设计界的普遍关注。

　　喜多俊之学历并不高，1964年毕业于浪速短期大学（现大阪艺术大学）工业设计专业，1967年在东京成立了自己的设计事务所。他曾设计了当时流行的家用电话，销售不错。但是他真正成功是和意大利"激进设计"运动打交道之后，受到意大利设计的影响，而有了国际性的突破。他从1969年开始就与意大利设计师交流，并在1975年去意大利工作。他

温克躺椅

133

阳光房里的温克躺椅

在意大利第一件成名之作是 1980 年为"卡西那"公司设计的这把"温克躺椅",这张椅子可以调整靠背的角度,可以折叠,椅身可以用各种色彩的椅罩替换,以多种功能满足人们在各种场合下对椅子的想象和需求。这个作品重视实用性能,具有鲜艳色彩,看起来好像米老鼠耳朵一样的造型,这些都是当时正在形成潮流的西方波普艺术的常用元素。而椅子本身可调节、可折叠、便于存储,这又是日本传统产品的特点。这把椅子自从面世,就受到市场的热捧,并且也被设计界高度关注,从意大利传播到美国,几年之后被纽约现代艺术博物馆(MoMA)永久收藏,并获得过多项国际设计大奖。

喜多俊之是"IDK 设计研究所"负责人,在日本和意大利两地都有设计业务,他自己来往于两国之间,是一位很国际化的设计师。除了家具之外,他还做各种环境、室内设计,工业产品设计,在国际创意舞台上非常活跃。他设计的著名作品还有 1971 年用

日本纸制作的"阿瓦比"灯具（Awabi）、 1991 年为英国 Miz 公司设计的双时表（Two
Points Watch）、1992 年为塞维利亚世博会日本馆设计的独腿椅子（Multi Lingual
Chair）、用现代加工方法制作的漆器"哈娜"餐具（Hana Plate, 2003）系列等。喜多
俊之曾多次获得国际设计大奖，并且曾担任意大利、西班牙、日本举办的多个国际设计
大赛评委，在国际设计界享有很高的声望。

　　谈到喜多俊之，要注意两个重要的背景，第一个是意大利"激进设计"浪潮的影响。
从 20 世纪 50 年代末期开始，年轻一代的意大利设计师们已经开始表达对于单调、冷峻
的国际主义风格的不满，认为丰裕社会是一种腐败，认为那些大型企业和明星设计师所
强调的"完美"的现代主义美学观念已经过时了。到 1966 年前后，在国际上的激进主
义思潮，尤其是英国的波普设计运动、美国的嬉皮士运动等风潮的影响下，意大利激进
设计运动风起云涌。在这股浪潮中，涌现了一些非常前卫的设计事务所，比如"阿奇祖姆"
（Archizoom）、"阿基米亚"（Alchimia）、"超级工作室"（Super Studio）、"风暴组"
（Gruppo Strum）等，还有不少激进的设计杂志，比如《莫多》（Modo）、《多姆斯》
（Domus）、《IN》、《卡萨贝拉》（Casabella）等，为运动推波助澜。

　　这是一场具有强烈反叛味道的青年知识分子的乌托邦运动，这些年轻人反对正统的
国际主义设计，反对现代主义风格，提倡恶俗（坏品位，bad taste）、"不完美"（unperfect）
或任何非正统的风格，包括各种历史风格的复兴和折中处理，明确宣布要避开技术品味
（technochic），也就是流行的国际主义风格，同时还反对大工业化的生产方式。他们
希望通过产品设计、通过建筑来改变资本主义社会。

　　在设计理念上，这些离经叛道的年轻人试图打破那些批量生产的、风格中庸的、消
费主义的、只是为了销售和赚钱的产品的垄断，代之以有个性的、独特的设计；他们不
屑现代主义设计所强调的产品的耐用性，而认为产品应该是"短命的"，应该不断被更
新潮、更多功能的产品替代。与现代主义风格低调、简洁的色彩不同，"激进设计"运
动中年轻的叛逆者们钟情于鲜明亮丽的色彩、丰富的装饰细节，有时甚至是无厘头式的
多种材料混合搭配。现代主义设计以"形式追随功能"为格言，"激进设计"却以媚俗、

日本设计师　喜多俊之（Toshiyuki Kita, 1942— ）

讽刺的调侃手法、畸变失真的尺度、随意堆叠的几何形式来颠覆常规概念中的使用功能。现代主义认为设计是一种用来建构更好的生活方式，让人们更加健康、更具生产力的有力工具，因而要求产品设计必须适应现代生活方式，有效用，不唐突；而"激进设计"则没有将设计的社会作用看得那么高大上，他们理想的产品，不但要能用，而且要"炫"，要令人瞩目。喜多俊之的设计正是基于这场激进设计运动的背景，顺应潮流，因而取得很大的成功。

第二点要注意的是日本设计师的国际化接轨起步很早，并且成就很大。在产品设计上，除喜多俊之外，还有仓俣史朗（Shiro Kuramata, 1934—1991），他比喜多俊之晚到意大利十年，参与了"孟菲斯设计集团"，他在 1986 年设计的椅子"月亮有多高"（How High the Moon）也在国际设计界名重一时。如果我们将设计的范畴再扩大一点，就还有时尚界的森英惠（Hanae Mori, 1926— ）、三宅一生（Issey Miyake, 1938— ）、高田贤三（Kenzo Takada, 1939— ）、山本宽斋（Kansai Yamamoto, 1944— ）、山本耀司（Yyohji Yamamoto, 1943— ）、川久保玲（Rei Kawakubo, 1942— ）等人脱颖而出，形成群体，在国际上为日本设计打出一片天地。

27 感觉椅子
——雕塑乎？家具也！

在麦当娜的一个音乐专辑录像上，我第一次看见马克·纽森（Marc Newson，1963— ）设计的"感觉椅子"（Felt Chair），椅子造型非常突出、抢眼，鲜艳的黄色，很是夺目。后来在美国电影《王牌大贱谍》中又看到这把椅子，更加加深了我对它的印象。它俨然变成了时尚的道具，颇有流行艺术的冲击力，功能性仅仅是小部分，形式的象征性反而大了。之后，纽约的现代艺术博物馆（MoMA）收藏了"感觉椅子"，作为当代设计的展品，这把椅子自然是平步青云，一下子成为经典。

"感觉椅子"设计于 1989 年，材质为玻璃纤维，好像一个弯曲的套筒，凳脚是铝合金制成的。椅子色彩鲜艳，有黄色、橙色、红色、苹果绿色、白色和黑色六种选择，现在我们看到这把椅子是家具公司"卡帕里尼"（Cappellini）出品的。

工业设计师马克·纽森 1963 年出生在澳大利亚悉尼，设计经历非常丰富，很难说他是哪一个国家设计的代

感觉椅子

感觉椅子使用实景

表，因为他游走在各个发达国家，在澳大利亚、法国、英国、日本都有业务，是一位典型的国际设计师。他早年为飞机制造公司做过设计，之后转做工业产品设计、家具设计、首饰设计、服装设计。他在设计中喜欢采用有机形态（biomorphism），这也成了马克·纽森的标志性风格。他设计的产品，具有强烈的有机形式感，流畅滑顺，收口处边缘用有机形式渐渐收缩，颇为特别。他还常采用非常鲜艳的色彩，有时亦喜用半透明或透明的材料，视觉上颇吸引眼球。

纽森于 1984 年毕业于悉尼艺术学院（the Sydney College of the Arts），本科学的是首饰设计和雕塑，1986 年获得澳大利亚手工艺协会（he Australian Crafts Council）奖金，并且举办了第一次作品个展，展出了洛克希德躺椅（Lockheed Lounge chairs）。同年，马克·纽森到日本东京工作，1991 年再迁到法国巴黎，并且在巴黎开设了自己的工作室，

1988 年设计了"胚胎椅子"（Embryo Chair），这是他的第一件具有鲜明个人特征的作品。

1994 年，马克·纽森和奥利维·艾克（Oliver Ike）合作，设立了一家叫作"艾克波特"（the Ikepod watch company）的手表公司。三年后的 1997 年，马克·纽森迁移到英国伦敦，开设了"马克·纽森公司"，但是继续保留在法国巴黎的住所，亦在悉尼艺术学院担任兼职教授，同时兼任澳大利亚航空公司（Qantas）的创意总监。2005 年，马克·纽森被美国的《时代》杂志选为当年世界上 100 个最具有影响力的人之一。

我之所以很注意马克·纽森，因为他的设计属于比较纯粹的艺术路线，产品设计都具有强烈的雕塑特征，因此他的设计作品多会成为博物馆收藏的对象，并且在拍卖会上很抢手。他和菲利普·斯塔克（Philip Starck, 1949— ）一样，是现时世界上拍卖价格最高的当代设计师，他的三把洛克希德躺椅在 2006 年的苏富比（Sotheby's）拍卖上拍出了 968,000 美元的高价，这样的一个价位恐怕很难被超越。

设计品，特别是日用品，它们究竟是从什么时候开始进入收藏界视野的？这个时间尚难以确定，但如果论及进入博物馆收藏范围的时间，我想应该可以从纽约现代艺术博物馆（MoMA）1932 年成立建筑与设计部开始算起了。纽约现代艺术博物馆成立于 1928 年，在 1932 年成立了建筑与设计部，专门从事设计的收藏和展示方面的工作，这个部门的负责人就是后来著名的建筑师、评论家、策展人菲利普·约翰逊（Philip Johnson, 1906—2005）。

纽约现代艺术博物馆最初的收藏，旨在收藏有影响力的建筑设计作品——包括设计图、照片、模型，设计作品——包括平面作品、应用艺术作品（applied art），当时提出的是相互关联的艺术作品（interdependent arts）。所谓相互关联的艺术作品，其实就是指系列设计作品，比如一个家居的整体室内用品，包括家具、台灯、室内装饰品等，有时候还包括窗帘、地毯、挂毯这些纺织品在内。

1932 年，纽约现代艺术博物馆在菲利普·约翰逊的指导下，一次性收藏了 28,000 件设计作品，是全世界单一收藏量最大的设计作品集。这批收藏的依据是从 19 世纪中叶到 20 世纪 30 年代这一阶段中，最具有影响力的设计师、建筑师的作品，他们应该

澳大利亚设计师　马克·纽森（Marc Newson，1963— ）

算是当时已经在设计史上得到了确定地位的一批人物了。这一批作品中，"工艺美术运动"（the Arts and Crafts）、"新艺术"运动（Art Nouveau）和"装饰主义"运动（Art Deco）的作品最多。作品种类包括家具、日用品、餐具、工具、纺织品等多个方面。其中也有一些比较大的作品，比如跑车就收藏了好几辆，甚至还收藏了一架早期的直升机。至于建筑类的收藏，则主要是模型、手稿、建筑设计图、摄影等。德国建筑师密斯·凡·德·洛1932年前的全部设计资料都被录入这次收藏中。平面设计作品收藏得特别多，大量的书籍、海报、广告册页，数量庞大。

从1932年纽约现代艺术博物馆的收藏开始，美国和西方不少艺术博物馆都建立了设计部，收藏设计产品，收藏的范围也逐渐扩大，包括现代各个时期的重要作品，比如荷兰"风格派"（de Stijl）、维也纳工作同盟（Wiener Werkstate）、维也纳"分离派"（Viena Secession）、德国包豪斯等，都是收藏的对象。包豪斯的马谢·布鲁尔和玛丽安·布兰特（Marianne Brandt, 1893—1983）的作品最受青睐，美国流线型风格时期的设计作品也很受追捧。20世纪50年代前后，采用蒸汽定型技术生产的夹板家具出现，立即成了收藏的新对象，查尔斯·伊姆斯夫妇、保罗·麦克伯（Paul McCobb, 1917—1969）、佛罗伦斯·诺尔、哈里·别尔托亚、埃罗·沙里宁、哈维·普罗博（Harvey Probber, 1922—2003）、弗拉基米尔·卡冈（Vladamir Kagan, 1927—2016）、芬·祖尔、阿尼·雅克布森（Arne Jacobsen, 1902—1971）的家具作品全部成为收藏对象，在各个大博物馆中都可以看见。

设计产品的数量比较大，界定什么是值得收藏的？什么不值得收藏？这个度的把握不容易。我自己的看法是，大凡进了设计史的基本都有收藏价值，因为那些作品多是在设计发展过程中起到过重要的影响作用的，有历史的价值和设计的价值。有些人以为只有过去的设计师的作品才有增值的空间，从我自己观察的情况来看，倒不尽然，一些现在还很活跃的设计师，比如这里讲的马克·纽森，以及英国的朗·阿拉德（Ron Arad, 1951—　）、法国的菲利普·斯塔克这样的明星设计师，他们早期的设计品被收藏后增价数十倍，增值空间相当可观。

28 MVS 椅子
——简约到极致

简单到无以复加的地步，说说容易，设计起来其实并不简单。比如设计一把躺椅，你试试做得一点多余的细节都没有，那可是一个挑战啊！比利时设计师马尔滕·凡·斯维伦（Maarten van Severen，1956—2005）设计的那把叫 MVS 椅子的躺椅，就是这样的一个杰作，我第一次看到的时候，真是有点吃惊：简约到那么极致的水平，得多有想象力啊！

1995 年，斯维伦开始在速写本上起草躺椅的稿子，当时他设计的是另外一把躺椅，叫 CHL95。那个时侯，他还在自己的作坊里制作自己设计的家具，完全处在草创阶段。他画了几根很简单的折线，再用玻璃纤维制作出原型来，之后在这个基础上又继续做了两个改进的设计，主要是改进了支撑架子的结构，也调整了躺椅的角度。在设计过程中，斯维伦尽量用最简单的方式，最少的材料，因此最后的结果是一个简单到近乎只有折线的结构，改进后的设计叫 CHL98。这两个设计：CHL95 和

MVS 椅子

MVS 椅子使用实景

CHL98 奠定了新型躺椅的结构基础。家具公司 Vitra 和斯维伦联系，让他在这两个设计基础上再改进，最后结果就是我们这里介绍的 MVS 躺椅系列了。

MVS 躺椅的表面材料是聚氨基甲酸乙酯 （polyurethane）塑料膜，这种材料很有皮革感，并且可以有不同的色彩，不但柔软、富有弹性，还相当坚韧，蒙在金属框架上面，躺上去非常舒服。椅子的金属框架设计得简单、明晰，这种结构使得坐在上面的人可以非常方便地调整姿势，坐也可以、躺也可以、半坐半躺倚在上面也很舒服。更不用说这把椅子有种强烈的现代雕塑感，时尚大方。这把椅子的设计，很有独创性，难怪直接用设计师的姓氏缩写来命名。

马尔滕·凡·斯维伦 1956 年出生于比利时安特卫普，2005 年因为肺癌去世。去世的时候才 49 岁，实在是太年轻了。早年他在比利时的根特学建筑，毕业后曾在多家室内设计事务所做过家具设计，1986 年自己开业设计师具。最早的作品是一张金属结构

比利时设计师　马尔滕·凡·斯维伦（Maarten van Severen，1956—2005）

的桌子，已经显示出他在设计上对于简约精练的追求。1989 年设计了自己的第一张木桌，造型修长，也是简洁得很。1990 年开始集中精力设计椅子，喜欢用合金铝、夹板、聚酯纤维等几种材料。他和建筑师伦·库哈斯（1944— ）合作，为他的建筑项目设计师具，1990 年他们合作设计了达拉瓦住宅（the Villa dall'Ava），1996 年又在波尔多联手设计了一个住宅项目。在各种家具展览会上，斯维伦设计的展台总是最吸引观众注意力的展台之一，非常受欢迎。

1997 年以后，凡·斯维伦开始给灯具公司、家具公司设计工业产品，其中比较重要的是为 Target Lighting 公司设计的 U 为线灯具（U-Line lamp），为奥布麦克斯公司（Obumex）设计的厨房家具，给维特拉公司设计椅子（Vitra chair n° 03），给艾德拉公司（Edra）设计的"蓝色长凳"（Blue Bench），为布洛公司设计（BULO）设计的"施拉格"架子（Schraag）。

凡·斯维伦是一位高大、帅气的设计师，银白色的头发，烟不离手，走路样子有点牛仔气质。他对家具有一种超凡的感觉，有一种特别的天赋，设计出来的作品都简洁到极点，但是却又非常丰富，这种极限主义的做法，看似简单，要做得好绝非易事。可在他来说，却从来好像是轻而易举、信手拈来、轻松自然，进入到神化的境界了。他设计的这把躺椅，好像一座雕塑，但是却非常舒服、简约、干净，让人看见了就很想坐上去试试。他的家庭出身大概对他这种奇特的设计创造性有不小的帮助：他的父亲是著名的抽象画家，祖父是画家，也是个油漆匠，先祖是家乡有名的铁匠。手工艺和艺术共同的影响，肯定对他的素质形成有很大的影响。家具设计虽然看似简单，但是真要设计得好，天赋还是很重要的。

29 "高速公路"座椅系列
——弯弯曲曲高速路

一张长沙发,看起来像是地震后曲折、起伏的高速公路,可以随意坐在任何一段;高低不等、靠背各异,整体看上去又是很和谐的一把仿佛绵延不断的长椅,一条宽敞舒适的长带,这等奇怪而适用的设计,并不多见,我第一次见到真有点惊奇,估计就是总给人惊喜的意大利人做的。问了一下,果不其然,还真就是的。设计公司叫"巴托里"(Bartoli Design),看了他们的设计,立即会悟出一个道理:设计不仅仅满足简单的使用功能,娱乐性也是很有意义的。

"高速公路"座椅系列

公共空间摆放的"高速公路"座椅系列

　　我有不少做设计的朋友，大凡讲到意大利设计，他们脸上都会流露出一抹轻松的微笑来。如果看到巴托里设计公司的作品，那微笑就会更加灿烂了。

　　巴托里设计公司是由意大利设计师卡罗·巴托里（Carlo Bartoli，1931—　）于 1963年建立的设计公司，基本上是个家族公司。意大利好多公司，包括时装企业范思哲、普拉达等，都是家族企业，意大利人在这方面和中国人还真有点像。巴托里公司的设计领域很广，以家具和家庭用品为中心，也扩大到建筑设计、室内设计等多个方面。他们的设计获得过很多重要的设计奖，卡罗·巴托里本人曾经获得米兰设计三年展的最高奖项——金罗盘奖（Compasso d'Oro），该奖在设计界就好像是奥斯卡在电影界中一样重要，显示了巴托里设计的实力。

　　我在学院里开的一门课是《娱乐设计概论》，课堂上有学生问道：日本动漫和美国动漫最本质的区别是什么？我说最大的区别可能在于美国的动漫是大军团、大公司合作的结果，目标是利润巨大的市场；而日本的动漫是很个人化的创作，因此更加具有创作上的个人色彩，更加具有强烈的个体风格，也更加具有市场的弹性。我想，这一说法，应该也可以用在美国产品设计与意大利产品设计之间的区别上。

　　意大利设计公司都不大，往往是三两个人的组合，他们设计的作品也往往没有采用美国那种大规模企业生产的方式，而有点作坊生产的意思，批量不大，但是却讲究设计细节，因此才好用耐看。

　　意大利有好多这样的小设计事务所，人不多，东西好。这块"他山之玉"，我们中国设计界不是很应该借鉴一番吗？一味强调"做大做强"，未必一定成功。

　　巴托里设计走的是一条很雅致的风格路线。在某种程度上更接近北欧国家设计的有机形式，但是色彩就丰富得多了。而且在有机形式的使用上，也更加具有娱乐色彩，更加有趣。北欧的有机现代主义，往往比较严肃，不苟言笑，而意大利的设计，却是神采飞扬，充满欢乐的。就拿椅子来说吧，这个公司设计的"高速公路系列"（Highway Collection），线条流畅优雅，色彩明亮欢乐，由于依据模数设计，可以按照环境的需要而自由组合。说到材料，不过是普通的钢管和泡沫海绵，价格并不高。把价格低廉的塑料产品通过设计而赋予高贵的感觉，是意大利设计的突出能力。说他们"化腐朽为神奇"可能有些言过其实，但是通过设计将普通的物件变成走俏的产品，则真是他们的独门功夫了。

　　巴托里说：我们喜欢设计一些友善的、不唐突的作品，放在那里总是能够让你找到感觉。话讲得很平实，其实要做到可不容易。

　　卡罗·巴托里出生在意大利米兰市，不过他的工作基地则在距离米兰15千米远的蒙扎（Monza）。他毕业于米兰理工大学的建筑系，毕业后最初从事建筑设计，后来则延伸到室内设计、家具设计，以及批量生产的消费产品的设计领域。意大利的设计师，大多出身于建筑设计，这种训练使他们对于结构、规划有比较精准的把握，对空间布局

意大利设计师　卡罗·巴托里（Carlo Bartoli，1931— ）

相当敏感。记得我还在广州美术学院工作时，来院筹办"包豪斯展览"的德国专家乌苏拉也说过，"建筑是各种设计的基础"。相比之下，国内的设计教育大多走的是从美术到设计的路子，学生出来做设计，恐怕会有些先天不足呢。

30 泽塔折叠椅
——后现代之后

1989 年，我和意大利设计师索扎斯一起在学院餐厅吃饭。那时候，"孟菲斯设计小组"刚刚解散，索扎斯跑到美国找发展机会。我说米兰是欧洲设计中心之一，何必来美国呢？索扎斯当时在美国比华利山有个商业项目，在卡罗拉多也有个项目，他做完这几个项目之后就回意大利去了。

泽塔折叠椅

索扎斯是"孟菲斯设计小组"（Memphis Group）的领袖，20 世纪 80 年代，后现代主义风刮得厉害，成了时尚，在产品设计上最出风头的就是"孟菲斯"的那一群设计师了。他们设计的那些五颜六色、古怪滑稽的咖啡壶、酒杯、书架、烤面包用的便携式烤箱流行得很，美国人买了在家找个显眼的地方供着，表示自己很"潮"。曾几何时，喧嚣一时的后现代主义风潮却很快又消失得无踪无影。21 世纪开始的时候，设计上的确有点困惑，因为没有大潮，那些习惯跟潮流走的设计师，一下子无所适从，设计该如何动手，就不知道了。

在这个节骨眼上，出现了一些不同方向的探索者。一些人主要从电脑设计下手，走

简洁的桌椅组合

透明、半透明塑料的路，苹果电脑的设计开了新潮，后面跟风一大片。另外一些人就往高科技风格发展，产品酷得很，好像刚从试验室拿出来的一样，也成了气候。还有一批人，就在现代形式中加入一点色彩，一点并非装饰的曲线和细节，赋予现代设计一点人情味，被称为"有人情味的新现代主义"（sentimental Neo—Modern），英国设计师詹姆斯·埃文（James Irvine, 1958—2013）就是其中之一。

你看他为 CORO 公司设计的那把名为"泽塔"（Zeta）的可堆叠折椅，看上去似乎平淡无奇，甚至有些眼熟。可是如果看得更仔细些，你会发现每一个细节都是有道理的：收折、堆叠，使椅子便于收藏、节约空间；倾斜的椅柄、弯成角度的椅脚，让人坐得稳当、靠得舒服；一条横杠，既能增加强度又可踏脚，没有一处是可有可无的。简洁的线条、光滑的表面，既容易清洁，又营造出一种现代感觉，靠背处椭圆形的凹槽，既符合人体工学原理，又令硬朗的直线、平面有些许变化。正如他自己所解释的那样"有些人喜欢将设计归入某种风格流派，甚至某种时尚，但我从不这样看。我尝试让设计的产品忠实于它们自己，而不希望受到太多市场因素的影响。设计的东西是为人的，因为我的真正客户是产品的用户，而不是公司企业。"

埃文是英国伦敦人，学工业设计出身，本科在伦敦的金斯顿理工设计学校（Kingston Polytechnic Design School, London）读的，研究生则在英国皇家艺术学院。1984 年毕业，到意大利著名的办公室机械公司奥利维蒂公司（Olivetti）做设计，1987 年又跑到日本东京的东芝公司做设计，有了在两家大公司做设计的经验，信心自然就有了。1988 年

英国设计师　詹姆斯·埃文（James Irvine，1958—2013）

自己开业，公司设在伦敦，就叫埃文设计公司。

从美国回去后，索扎斯在意大利米兰成立了新公司，邀请埃文入伙，于是他就在1992 年去了米兰，加入索扎斯的公司，以后就一直以米兰为基地了。他为很多著名的大公司设计：阿列西（Alessi）、B&B、宜家（IKEA），甚至汽车巨头梅赛德斯奔驰。埃文的设计很耐看，有大公司的气魄，是来自奥利维蒂和东芝的修炼，但是也有细节的趣味，色彩丰富，是来自米兰的灵感。能够把这两方面结合起来，并且结合得好的人不多，他可算是很成功的一个。他设计的纯白哑光茶杯，我也很喜欢。简单但不简陋，分寸把握得当，也好使。

31 "比基尼岛"组合椅
—— 平庸中的神奇

设计风格来来去去，似乎变幻无穷，但如果细心观察，你会发现总是在几种类型中兜圈子，因此，好多设计都似曾相识。当今的设计已经走完了后现代主义的装饰阶段，进入到一个比较困惑的转折点。特别是经过

"比基尼岛"组合椅

20 世纪 80 年代、90 年代的后现代主义浪潮之后，现在的设计一方面走娱乐化的方向，例如我们平时用的手机、电子游戏机，甚至电脑的设计；另外一方面则开始出现了早期现代主义的风气，产品比较简单，不用装饰，但是却也不再是简单到几乎没有趣味的理性设计了。在"少则多"（less is more）的原则下，通过简单的曲线使用，简单的有机形式的使用，比较明快、轻松的色彩使用，取得既是现代的，又是年轻的设计。德国设计师华纳·阿斯林格（Werner Aisslinger, 1964— ）就是在这方面一个做得比较出色的代表。

我最早看见他的设计是在大洛杉矶的科沃市（Culver City），那天有事去一家建筑

可以自由搭配的"比基尼岛"组合椅

事务所，一进门就看见一组不同形状的"元件"组成的沙发。这些元件有长方形、正方形、圆形、四分之一圆形，色彩各异，高低不同。单独拉出来可做凳子，拼合在一起又成了沙发。因为元件之间的模数关系，所以很方便地就可以在办公室的会客区里，按照不同的需要，或开会，或聊天，摆放成各种样式。结构非常简单，看起来生动活泼，甚至有点喜气洋洋的感觉，坐下去也很舒服。我当时问是谁设计的，他们告诉我是位德国设计师。回到学院之后，查到是阿斯林格的作品，叫"比基尼岛"（Bikini Island）。因为使用在先，有先入为主的喜欢，因此就开始注意他的设计了。

　　阿斯林格的设计大部分是各种简单的家具，特别是办公室家具。在美国，办公室家具几乎被几家大公司垄断，比如米勒（Herman Miller），诺尔（Knoll）和"铁箱公司"（Steel Case）等，新人要想挤进这个市场，实在不容易。这些年来，美国企业风气有

德国设计师　华纳·阿斯林格（Werner Aisslinger，1964— ）

了一些变化，我想主要是由于 IT 业兴起，电脑的发展，产生了许多新的企业，企业的领导层日趋年轻，他们喜欢更加有趣味、更加有个人风格的办公家具，年轻的设计师才有了自己的市场空间。

阿斯林格的设计貌似简单朴素，其实却下了大功夫。能够把现代主义简单的理性方法演变得有趣味、有品位，实属不易，他却做得很不错。简单的桌子、小手推车、柜子和书架都简洁而细腻，一看就知道他自身的修养、功力。在我们这个设计上喜欢哗众取宠的时代，阿斯林格倒是冷静地给我们提供了一个好榜样。他也不仅仅是简单地走现代主义复兴方向，同时也很留意时尚，比如他为意大利公司扎诺塔（Zanotta）设计的一些家具，包括"软椅"（Soft chaises, 2000）、拼装式的书架组合构件（Cell system, 2000）等，就采用了类似苹果电脑那样透明的彩色塑料面，刻意提升了椅子时髦感，很受青年消费者的欢迎。

阿斯林格是 1964 年出生的，在慕尼黑大学和柏林艺术学院（Hochschule der Kunste, Berlin）求学，毕业之后跟过几位欧洲最有影响的设计师工作，包括英国的加斯柏·莫里森、朗·阿拉德，意大利的米切尔·德鲁奇等。跟对了人，就少走弯路。1993 年，他自己开业，从事设计工作，同时在包括德国的柏林艺术学院、卡尔斯鲁赫工艺学校（Hochschule fur Gestaltung, Karlsruhe），芬兰的拉提设计学院（Lahti Design Institute, Finland）教书，与很多设计师一样，教学和设计双栖发展。华纳·阿斯林格获得过许多奖项，在设计方面是一个值得注意的人物。

32 郁郁椅子
——随意，并不随便

意大利设计师斯蒂凡诺·吉奥凡诺尼（Stefano Giovannoni，1954— ）为"梅吉斯"公司（Magis）设计的"郁郁椅"（Yuyu）一下子就火了。这把小巧轻便的椅子，色彩非常亮丽，或者鲜艳的红色，或者娇柔的粉色，一道橘黄点亮厨房，一抹碧蓝扮靓阳台。塑料椅子，却有雕塑感，还可以堆叠。塑料这种极为平常的材料，在吉奥凡诺尼手中却被赋予独特的质感和轻盈的造型，即使放在豪华

郁郁椅子

室内，这把体积娇小的椅子特有的气质，也是任何物品都无法掩盖的。他设计的这款椅子在高度上很有讲究，仅仅50厘米的椅高，既便利了成人，也方便了孩子。色彩随意，造型随意，加上轻便感、率意而为的设计，使得这把椅子成为现在最流行的青年人用的座椅之一。

吉奥凡诺尼1954年生于意大利西北部的斯培西亚（Spezia，Italy），1978年毕业于佛罗伦萨大学建筑学院，以米兰作为生活和工作的基地。他是前卫设计团体"流星设

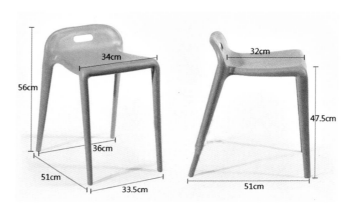

郁郁椅子基本尺寸

计运动"（bolidist movement）的成员，也是"金刚产品"（the king kong production）的发起者之一。他对卡通、科幻小说、神话都非常感兴趣，尤其对富有想象力的小说爱不释手。

这位拥有爆炸性天才的设计师，对色彩有非常敏锐的感觉，他设计的家具、建筑、室内和用品，都具有细腻而明快的色彩。他为意大利企业阿列西（ALESSI）设计的各种色彩绚丽的产品，几乎每款都会风风光光地登上世界各地的时尚杂志和报刊的生活版的版面，掀起风潮，引领现代生活情调。有些评论说他的设计恣意纵横、率性随意，有一种让人着魔的吸引力。

我看他设计的桌子、椅子，都有一些早年埃罗·沙里宁设计中的"有机现代"（Organic Modern）风格的影子，简单，讲究规则的有机形式，以少胜多而达到时尚的目标，是现在新一代设计师很常用的方法。

吉奥凡诺尼是位高产的设计师，他的作品多次在国际设计大赛中获奖，业已成为法国巴黎的蓬皮杜中心和美国纽约现代艺术博物馆不可或缺的一部分。他同时也活跃在设计教育方面，1979 年，他在意大利佛罗伦萨的建筑学院进行教学和研究。1989 年，任教于米兰的多姆斯设计学院（Domus Academy）。如今，他在里吉奥—埃米利奥（Reggio

意大利设计师　斯蒂凡诺·吉奥凡诺尼（Stefano Giovannoni，1954— ）

Emilio）的设计学院教书，

在他的一次采访中，主持人问他："你设计了那么多系列，如家具、家居用品、厨房用品啊，哪个系列是你自己觉得最成功、最具有影响力的呢？"他说："我设计了那么多作品，好像 Girotondo 餐具系列、Mami 花盆系列、Bombo 椅子系列、Merdolino 洁具系列、Cico 蛋杯系列、Magic Bunny 牙签筒系列、Mary Buscuit 肥皂盒系列，都很好啊。我不知道哪一个是最具影响力的，我觉得它们都很不错、充满自信。"

问他受谁的影响最深，他说是意大利设计师里默·布提（Remo Buti）。在他眼里，三十多年前，布提是全世界在概念上最有创意的建筑师，也是将减少主义（或者称为"极限主义"minimalism）做到最为极致的大师。另一方面，意大利后现代主义的几位大师：孟菲斯设计事务所的艾托尔·索扎斯（Ettore Sottsass）、亚历山德罗·门迪尼（Alessandro Mendini）、安德里亚·布朗兹（Andrea Branzi）等人对他的影响也是巨大的。他说，自己受到这些人的影响主要是文化方面的。

在谈到工业设计的发展的时候，他特别强调现在中国成为低成本产品的最主要的生产基地，对世界设计都会造成巨大的影响。以前那种设计仅仅由大企业控制的情况被打破，廉价产品大量涌入市场，设计不得不重新考虑如何把以前那种具有高设计含量的产品转化为能够为大众所拥有的、价格相对低廉、设计不差的新类型产品的可能性。这种转变不是理论上的，而是现实中正在发生的，无论你喜欢不喜欢，你都得面对这个局面。因此，设计和已往有了很大的不同。设计师的个人风格作品，越来越成为一般百姓能够享有的生活形式，这点对于青年设计师来说，是个难得的新机缘。

33 路易鬼椅
——设计奇人斯塔克

路易鬼椅

"鬼"这个词在中文里面不甚吉利，而在欧洲人眼中，却和"灵魂""灵感"有一些关系，未必是贬义的。法国设计师菲利普·斯塔克（Philippe Starck，1949— ）为意大利公司卡特尔（Kartell）设计的一款仿古椅子，就叫"路易鬼椅"（Louis Ghost Chair，2002），我想之所以这样称呼，是因为它是用透明的聚碳酸酯（polycarbonate）注塑成型的，看上去似乎空气中一个似有若无的椅子轮廓，像个古典灵魂似的。斯塔克一向是位艺术型的设计师，无论设计什么，都能产生显著的明星效应。他拿一系列古典家具作为动机，把巴洛克、法兰西第二帝国风格用透明丙烯重组，令这把椅子在轮廓上有强烈的古典味道，材质上却有纯粹的现代感觉。是一种貌似简单、其实很要功力的设计方法。就尺寸而言，高94厘米（将近94厘米），宽53厘米，深也是53厘米，与经历了几个世纪考验的经典皇家座椅尺度相仿。

演奏台上的路易鬼椅

这把椅子在美国的售价大概是 370 美元左右。

　　菲利普·斯塔克在 2006 年又设计了一把"维多利亚鬼椅"（Victoria Ghost Chair），用的手法跟"路易鬼椅"一样，只是椅子原型用的是一把维多利亚时期典型的皇家座椅。这两把椅子组成一套，被称为"鬼系列"。这两把椅子都修长、坚固，充盈着巴洛克的韵味，斯塔克在接受《达拉斯晨报》（The Dallas Morning News）访谈的时候说，他想把各种回忆、各种材质感觉融合在一起，努力找到平衡点，也通过设计使得自己平衡。

　　菲利普·斯塔克已经"潮"了二十多年了，至今依然很火。法国、意大利都有这样的文化，可以把产品设计师知名度推到类似电影明星的水平，它们的媒体就有这种传统，而大众市场也有这种承载能力和这种趣味。讲设计明星，其实和讲电影明星一样，三个要素：资金充沛（有大量的投资希望通过市场获利）、媒体集中炒作、大众市场热衷。

法国设计市场这三样要素都具备，因此斯塔克变成明星是不足为奇的。美国的设计市场这三个要素比较缺乏，因此在美国，做设计就是做设计，切莫梦想当明星，美国著名的设计师，鲜少有能成为超级明星的。唯一例外是建筑师，因为建筑市场具有那些要素，因而美国建筑师是可以享受到类似斯塔克这样的明星待遇的。我们讲工业产品设计，经常是说要功能第一的，但是有些特殊的作品，往往功能性已经并不太重要，形式反而成了第一位的了。这样的产品，其实已经包含着艺术品的属性了。"路易鬼椅"具有原型的功能，但是因为采用了聚碳酸酯透明材料，也就突出了艺术的成分。

菲利普·斯塔克是设计界的奇人，法国这类人比较多，都是在一行成为偶像的人物，例如时装界的让·保罗·高提耶（Jean-Paul Gaultier, 1952— ），电影界的吕克·贝松（Luc Besson，1959— ），都是偶像级别的人物。

斯塔克毕业的学校并不很出名，是巴黎的一所叫"Ecole Nissim de Camondo"的五年制的产品和室内设计学校，他从1969年就在皮尔·卡丹（Pierre Cardin, 1922— ）的公司里做设计。1982年，当时的法国总统弗朗索瓦·密特朗（Francois Mitterand, 1916—1996）请他给自己设计公寓，这个项目使他一炮而红，随后独立开办了自己的产品设计事务所，也做一些室内设计。他的设计路线很特别，形式上往往具有极为简单但绝不简陋的特点，并且新意不断，因此他被称之为"新设计"（New Design）一代的代表人物。

我喜欢斯塔克的设计，主要倒不在于他有多么"炫"。我特别看重他设计的那些不算豪华高档但很有品位的普通日用品，这样的设计，能够改变一般人平庸的生活氛围，对大众影响很大。至于那些仅仅设计高档产品的人，其实离我们很远。比如他2002年为美国中低价位连锁百货店"标点"（Target）设计的胶带座、洁具架子、儿童水杯、订书机、剪刀等普通家庭用具，深受消费者欢迎，获得满堂喝彩，也提升了这个公司的品牌形象，令人叹服。他给微软电脑设计鼠标、为苹果公司设计了iPod和iPhone的无线喇叭，都是很大众化的产品，设计很精彩，而大众又都可以享用，这种设计师的影响力就大。

法国设计师　菲利普·斯塔克（Philippe Starck，1949— ）

　　我还很喜欢他在设计上的另外一个特点，就是在室内装修上混合用不同材料的高超能力。玻璃、石头、塑料、铝材、不锈钢、镍材、纺织品等不同质材的结合并不容易，而在他手下，不同材质的结合则总是那么和谐、优雅。我在香港有时候会约几个朋友到半岛酒店 28 楼他设计的那间 Felix 餐厅坐坐，就是欣赏他在室内设计上这种多材质混用的错综复杂的手法。那里也放了他设计的橙汁器，与餐厅环境相得益彰。美国电视连续剧《法律波士顿》（*Boston Legal*）中，选了他设计的透明的"路易斯·鬼椅"（Louis Ghost chair）作道具，这个关于打官司的电视连续剧在美国热播很长时间，也让这把椅子在民众面前亮相了很长时间，成为这把椅子最好的广告了。他的著名椅子还有"艾罗椅"（Ero chair）、泡泡沙发（Bubble Club sofa）、波西米亚凳（La Boh è me stool）等，他和 Fossil 公司合作，出品以自己名字命名的手表，也很受欢迎。

34 贫民窟椅子
——巴西设计师的黑色幽默

2016 年，巴西吸引了全世界的目光，因为世界杯、奥运会先后在巴西举行，无论巴西社会环境如何，世界还是会盯着巴西看。

这股巴西热也开始蔓延到设计领域了，巴西一向不缺现代设计师，无论建筑、规划、产品、平面设计都人才济济，只不过地处南半球，又用的是世界上绝大部分人听不懂、看不明的葡萄牙语，加上社会环境不太稳定，有点被世人遗忘。真的要看他们的设计，好作品还真是不少呢！

贫民窟椅子

就拿家具设计来说，巴西设计师费尔南多·坎姆帕纳（Fernando Campana，1961— ）和休姆博托·坎姆帕纳（Humberto Campana，1953— ）兄弟俩，在 2003 年设计了一把"法维拉"椅子（Favela

贫民窟椅子使用实景

Chair），由艾德拉公司（Edra）出品，一经面市，就成为两位巴西设计师最吸引眼球的作品了。"法维拉"是贫民窟的意思，里约热内卢市（Rio de Janeiro）最大的贫民窟就位于一座叫法维拉山（Morro da Favela）的小丘陵上。

在巴西，贫民窟是指50户以上的人家聚居在一起，房屋建筑未经规划，无序自行建造，占用他人或公共土地，缺乏必要卫生设施的居住区。巴西共有3700万家庭，其中300万家庭生活在贫民窟，而八成以上的贫民窟，都分布在大城市里，尤以里约热内卢和圣保罗为最。那些"满山遍野"的贫民窟，基本就是用破木片、锌铁瓦楞板拼凑起来的破棚户。这类破棚户拥挤不堪、密密麻麻，有些地方狭窄得连伸展双臂都有困难。

巴西设计师　费尔南多·坎姆帕纳（Fernando Campana，1961— ）和休姆博托·坎姆帕纳
（Humberto Campana，1953— ）兄弟

坎姆帕纳兄弟是地道的巴西人，在贫民窟旁边长大。这种空间狭窄、见缝插针的状况，给了他们启发。他们以碎木头拼接黏合做椅子，裸露的木材散发出木头的清香，杂乱无序的拼凑方法传达出一股强烈的求生意味。这把用碎木粘贴挤压而成的椅子，使用贫民窟元素，苦中作乐，很有巴西人的性格特点。在这里，一边是几乎一半城市人口失业的困境，另一边则是全民狂欢的嘉年华的繁华，开开心心、无忧无虑、苦乐共存，黑色幽默十足。巴西人虽然许多陷于贫困，但是他们能够在困顿、窘迫的生活中创造出与众不同的生活品位来。狂欢节的桑巴是巴西设计的动力，垃圾创造、狂欢文化融为一体，是巴西大众文化的源泉，也成了坎姆帕纳兄弟设计的动力。

这把椅子并没有内在的结构构架，就是用自然的碎木片粘贴拼凑而成，比较长的木条用钉子交叠固定，其他部分就黏合。整把椅子没有统一的设计标准，全视随手得到的木料的情况而定，具有极大的自由性。两位设计师花了一个星期的时间，自己用手工一点点拼起来的，手工制作是这件作品的突出特点。这也成了坎帕纳兄弟设计的一个标志性特征。

哥哥休姆博托·坎姆帕纳，原本是律师，后来转行成为艺术家和设计师；弟弟费尔南多·坎姆帕纳则是学习建筑出身。休姆博托后来开了间工作室，他的弟弟很快加入进来。两兄弟的合作像是"理智与情感"的长短互补，律师出身的休姆博托擅长感性的造型、色彩和结构，是艺术元素的创造者；而建筑师出身的费尔南多则在设计里加入了现实的计算和考量，是功能性的创造者。他们居住在圣保罗，巨大的都市充满了"混沌"和"无序"，催生了两兄弟带有"无序"特色的设计语汇，他们的设计中总是有这种无序感存在：错综缠绕的绳索、随意垂坠的塑料管子、恣意纵横的金属棍，他们所有的作品都带有巴西的无限激情和热度。

他们总是从成型的工业材料入手选择设计材料。贫民窟里常见的废橡皮管、塑料盒、饮料罐、各种纸巾、废旧的毛绒玩具上扯下的线圈、弃置的毯子、毡子和纺织品、破碎的木料、金属片等，既给了他们灵感，也在他们手中变废为宝。他们用缠绕手法设计的绳索椅就是一个通过工业材料寻找设计答案的典型例子。对他们来说，"贫民窟椅子"——"法维拉椅"具有非常重要的意义，他们说这把椅子"是我们国家的肖像，尽管欧洲殖民文化对巴西影响很大，巴西的本土文化依然非常美丽。这是一种无法抄袭的美丽"。

坎姆帕纳兄弟设计的家居作品，在世界上很多个博物馆都有展出。其中，他们设计的棉绳椅（Vermelha rope armchair），现已成为纽约现代艺术博物馆（MoMA）的永久性藏品。而"贫民窟椅子"也已经出现在著名的德国维特拉设计博物馆（Vitra Design Museum）里面了。

35 米乌拉堆叠凳
——认真设计的德国人

德国人的设计，总是被认为理性有余，感性不足，因为他们实在是太讲究次序，太看重逻辑了。我去包豪斯档案馆的时候，看了不少当时学生做的产品设计，那种严谨、工整，在叹服之余，也抽了口冷气。如果全世界的产品都是这个样子，世界会多单调啊！德国人早已发现自己的这个弱点，因此在设计上，也努力把一些感性的东西加在他们

米乌拉堆叠凳

理性的基础上，从上海浦东机场到市中心的磁悬浮列车车厢，流线型的整体，虽然很理性，但是还是有时尚的细节，且不过分。德国人聪明，只要他们注意到了，总能够处理得比较到位。

几年前，去一个德国朋友家做客。星期天，他们到上午10点多才吃早餐，叫我也吃点。西方人早餐总是有个煮熟的鸡蛋，直立着放在一个蛋杯里，打破一头，用小勺子舀着吃。他们拿出一套好漂亮的蛋杯，白色的，把柄是不同颜色，粉红、绿色、蓝色、黄色、灰

米乌拉堆叠凳使用实景

色、黑色一套，连小勺也是这套色彩的柄，精致得不得了，太可爱了！我连忙问他是谁设计的，答曰是一个青年设计师，叫康斯坦丁·格齐克（Konstantin Grcic，1965— ）。餐桌上装牛奶的玻璃杯，虽然是底小口大的传统玻璃杯，但是比例、线条讲究得很，有种德国人才有的对简单几何形式的敏感，因此设计都有点平凡中见精巧的意思。

　　格齐克是德国慕尼黑人，1965 年出生，但却是在英国伦敦皇家艺术学院学的设计，1990 年毕业后先在英国著名设计师加斯柏·莫里森（Jasper Morrison，1959— ）的设计事务所工作，积累经验。1991 年就回到慕尼黑开了自己的设计事务所。主要设计师庭用具，如凳子、塑料水桶、玻璃杯等。设计得很理性，但是却很精致，比如那把聚丙烯的米乌拉堆叠凳（Miura Stool）。凳子高 81 厘米，适合一般酒吧的吧台，设计了一个踏板，既让人坐得舒服，又增加了椅子的强度。这把线条简洁的凳子，虽然看上去很"苗条"，但给人感觉却很硬朗。

　　格齐克在设计师中算是年轻一辈的，但是很进取，客户大部分是德国的，设计的好，

德国设计师　康斯坦丁·格齐克（Konstantin Grcic，1965—　）

自然有人喜欢。谈起自己的设计，他很强调把人放在第一位："当我设计的时候，我是在为人而设计，不是为一个抽象的概念，不是市场，而是实实在在的人，我认识的人，我喜欢的人"。这个讲法实在是中听，因为只有把自己熟悉的人的要求满足得好，设计才能够有非常坚实的服务方向。我们一些设计师在动手设计的时候，全是抽象的市场概念，是市场公司拿来的数据，哪里有血有肉？那种设计，是报表上用的，不是生活中的。

行笔至此，又想起和德国设计有关的一件事来：一次，我去德国出差，乘坐的是德国汉莎航空公司的班机。"9·11"事件之后，为安全起见，各国际航班上的餐具都一律改成塑料的了，汉莎公司当然也不例外。但他们这套餐具一拿到手里，感觉就不一样：颜色不是随随便便的白色，而是规规矩矩的汉莎公司标志的蓝色；表面作磨砂处理，手感和那些廉价的塑料餐具完全不同；餐刀、餐叉和调羹都在边缘上压了粗细两道精致的凸线，既增加了餐具的强度，又显得很有格调。我看得爱不释手，用完餐后又特地向空姐多要了一套带回学院给我的学生们看。一套用完即丢的非常廉价的塑料餐具，也可以做得很上档次，无他，认真而已。事关企业形象，德国人是绝不会马虎的。

36 安提波地躺椅
——那一簇艳丽的花朵

第一次看到西班牙女设
计师帕特里西亚·乌卡拉（Patr
-icia Urquiola，1961— ）
设计的那张色彩斑斓的躺椅，
真是有点"惊艳"的感觉。

1961 年出生于西班牙，
现在在意大利米兰工作的设计
师帕特里西亚·乌卡拉近年来
异军突起，连连推出杰作，成
为 21 世纪一位非常引人瞩目
的家具设计师。她设计的安提

安提波地躺椅

波地躺椅（Antibodi chaise longue），大受好评，市场反应也很好。这把躺椅宽敞、舒适，
用不锈钢做框架，将椅面直接绷在上面。椅面的制作很精巧：采用正反面不同颜色的双
层粗呢（也可以用皮革、PVC 材料或其他纺织品），剪裁成一个个带有弧边的正三角形，
再用百纳补的方式，将这些三角形沿直线边缝合起来，弧边很自然地就形成"花瓣"的
形状，使得整张椅面如一朵朵鲜花绽放，视觉效果颇具冲击力。这些"花瓣"，不但优

安提波地躺椅使用实景

雅、漂亮，而且使得不加衬垫的椅面变得蓬松柔软起来，提高舒适度。椅面正反两面均可使用，"花瓣"朝上的时候，仿佛是万花筒里绚丽的图案，令椅子充满青春活力、女性妩媚；"花瓣"朝下的时候，露出整齐的绗线形成的一个个等边三角形，像一张严丝合缝的百纳被，顿生阳刚之气。

乌卡拉的设计很有张力，集兴奋、矛盾、优雅于一身，有评论说这是一种"绽放的美学次序"（the aesthetic order of blossom），亦被赞作"具有生命力的设计"（life force）。

这把躺椅的尺寸为宽 80.01 厘米、高 88.9 厘米、长 154.94 厘米，在美国的售价是1500 美元。

帕特里西亚·乌卡拉出生在西班牙的奥维耶多市（Oviedo, Spain），但成长和工作都在意大利的米兰。她起初学习建筑设计，毕业之后转而设计师具，因此她的家具总有一种建筑技术的张力，却又不乏女性的装饰韵味和优雅，颇为突出。她为莫特尼公司（Molteni & C）设计的线条简练的克利帕床（the clean-lined Clip bed）、为德利亚德公司（Driade）设计的具有强烈极限主义特点的 Flo 小凳（Flo stool for Driade），以及

西班牙设计师　帕特里西亚·乌卡拉（Patricia Urquiola，1961—　）

我们在这里介绍的给莫诺索公司（Moroso）设计的具有强烈雕塑感的安提波地躺椅，还有她给甘迪亚·布拉斯科公司（Gandia Blasco）设计的色彩绚丽、针织形式的曼加斯地毯（Mangas rugs）都是时下设计界脍炙人口的佳作。

她的设计最令人欣赏的地方，就是她并不循规蹈矩设计类型化的家具，而是设计一种生活的方式，用日常生活的经验、记忆做动机，由自己的所见所闻获得启发，从生活体验中摸索设计的对象，从而走出一条从功能、需求出发，而不是受家具类别局限的设计新道路来。

帕特里西亚·乌卡拉说："一个非常著名的西班牙大厨法兰·阿德利亚（Ferran Adrià，1962— ）曾经说过：'记忆是一切。'的确如此，我在所有的设计中都以自己的记忆为开始，但是用新的方式来诠注记忆。比如 2006 年我为莫罗索公司设计'罩袍'椅子（the Smock chair）的时候，我是用我生第一个孩子的时候穿得有些破旧的罩袍套在办公椅上开始思考并产生灵感的。这样，就能够把手工艺（罩袍）和工业化生产（办公椅）结合起来，这样的做法成为一种把记忆引入设计的途径。在安提波地躺椅的设计上，也是沿用了这种手工艺、工业化融合的手法，更加融进了自己在童年时期用过的老奶奶缝制的百纳被，以现代材料加以演绎，这也就是从记忆开始的现代设计了。"她这种设计方法其实开创了一种设计思考的新途径。

在采访中，有记者问她："你是否希望通过设计创造一种新的生活方式？"她很同意这种说法。她说自己对于传统的家具定义不感兴趣，比如床、沙发、凳子、椅子、浴缸等，她更集中关注的是新的、更加复杂的生活方式。她认为市场上的一些家具太拘泥于陈旧的套路，跳不出来，而无法根据新的生活方式提供新的功能。比如浴缸，市场上不少浴缸超大、超豪华，其实大多数人仅仅需要洗个澡而已，因此她设计了非常简洁、尺寸不大的浴缸"阿克索（Axor）"，就是为了适合快节奏的现代人的需要。

从帕特里西亚·乌拉卡的设计中可以看到新一代设计师当下的思考方向，她的设计值得关注。

37 四叶草椅子
——标新立异的阿拉德

我很喜欢三叶草，还在家中院子里种了一些。三片肥肥的嫩叶并在一起，像一朵小小的、绿色的花，实在可爱。冬天刚过，嫩嫩的幼芽就从土里钻了出来，春风一起，"刷"地一下就成了一片绿色的云。

以色列设计师朗·阿拉德（Ron Arad，1951— ）2007 年设计的"四叶草"椅子（Clover chair），就活脱一片四叶草形状，不但坐在上面很舒

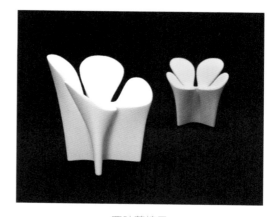

四叶草椅子

适，而且那种四叶草给你带来的春意浪漫，总是挥之不去。这就是阿拉德设计的神奇之处了——把握住了雕饰和家具之间的关系，充分利用雕塑包含的形式象征性特点，让产品有了个性、有了人情味。他的作品都有一种克制的雕塑感，因此，不但是用具，同时也是艺术品。能做到这个档次的设计师少之又少，阿拉德因而也得到设计界高度的评价，成为当今世界现代设计中一位很有分量的设计师。

设计的对象是工具，是用具，而艺术与设计最突出的区别是艺术品的非实用性。好

四叶草椅子组合

多艺术家想做设计，结果往往是过于艺术，而实用性不好，一旦实用性好了，艺术感就弱了。如何把握这两者之间的分寸，实在要靠功力。在这方面，阿拉德就把握得很到位。

人们常常以为，要设计出有新意的作品，就得从出其不意的方向入手，一旦走上理性道路，设计就会刻板、了无新意。阿拉德却不这样想，他说过："沉闷其实是创意之母"，就是先从理性入手。这个说法很实在，却又显得特别，因为与人们通常主张的标新立异简直背道而驰。但是看看阿拉德的作品，就能明白他确实有道理。

阿拉德的作品，从来不是为标新立异而标新立异，不是为反潮流而反潮流，总是有某种理性的、功能性的基础。他的设计从理性入手，探索新的设计形式，这种成功很值得借鉴。记得 20 世纪 80 年代中期，工业设计教育刚刚在国内起步，德国歌德学院派来广州美院办"包豪斯设计展"的专家曾经多次强调：学习设计应该建立在建筑设计的基础上，指的就是理性思维、功能性考量和空间感的把握。德国如是，在意大利、在法国亦如是；在英国，阿拉德也给我们做出了榜样。

阿拉德在当代的设计师中属于比较年长的一代，1951 年出生于以色列的特拉维夫，先在特拉维夫艺术学院学习，1974 年到英国伦敦，在英国建筑最高学府的"建筑协会"（Architectural Association, London）学建筑。毕业后两年，就与他人合伙开了设计事务所。1989 年正式命名为"朗·阿拉德设计事务所"，集中做产品设计。他除了做设计之外，还在好几所大学教设计，包括奥地利维也纳的设计学院（Hochschule fur angewadte Kunst, Vienna），英国伦敦的皇家艺术学院等。他的设计获奖无数，早在 20 世纪 90 年

以色列设计师　朗·阿拉德（Ron Arad ，1951— ）

代就已经是设计史上不可缺少的人物了。

　　阿拉德设计的沃伊德摇椅（Voido Rocking Chair），像是用黏土堆积的团块，流畅而又有鲜明的造型，红色和黑色，很是凝重；他用不锈钢设计的花瓶，好像亨利·摩尔（Henry Spencer Moore，1898—1986）的雕塑一样，有流动感，且时尚。他设计过一把名为Tom-vac的椅子，由一块完整的金属板轧制成流动的曲面而成，造型独特、线条流畅，坐着还挺舒服。我曾在圣塔莫尼卡一个很前卫的建筑设计事务所见到过这把椅子，那么前卫的建筑师，也崇尚阿拉德的设计，可见他在设计界的地位。

　　阿拉德最让我忍俊不禁的设计，是他著名的"书虫"书架，英语叫"bookworm"。其实就是一条可以自由弯曲的金属片，上面装了些凸起的书档，可以随心所欲地弯曲成S形、Q形，可以弯曲折叠成一个同心卷，还可以完全拉直成一列书架。无论如何摆放，他的这条"书虫"都可以放书，摆放的形式多样，可以挂在墙上，也可以摆在地上，使用者可以率性而为。

　　这种让使用者自行选择使用方式的设计，在20世纪60年代意大利的"反设计"潮流中曾经出现过，但已经很久违了。阿拉德的设计，从意识形态方面给我们这代人一个怀旧感，能够做出这样的设计，自己必须要有感觉和历史氛围才行。设计与文化的关系，不仅仅是指主流文化，亚文化也是文化。比如20世纪60年代的反文化潮流，在现在来说，是一种影响了好多人的亚文化类型，也是完全可以拿来发展成现代设计的潮流的。

38 陀螺椅子
——"魔笛手"的无穷动

我第一次看见英国设计师托马斯·西斯维克（Thomas Heatherwick，1970— ）设计的这把"陀螺椅子"（Spun Seat）是在 BBC 的一部题为《非常收藏家》（*the Extraordinary Collector*）的纪录片里，片中介绍了一位名叫戈顿·华生（Gordon Watson, 1954— ）的英国古董经纪商，他对 20 世纪和 21 世纪的设计很有研究，不断收集各种奇特的设计作品，存放在一个码头边的仓库里，然后按照高端客户的需要，搭配卖给他们。这部纪录片有好几集，

陀螺椅子

除了那些奇特的设计作品让人脑洞大开之外，其中他按照自己揣摩客户口味搭配推销的技术也让我很感兴趣。不过，这部片子倒不是单纯"报喜不报忧"的行销广告，也有推销不成的失败例子。其中有四个高端客户，对于他推销的搭配，就不很接受。当时，我的感觉是：他对高端顾客的需求和心理，揣摩得还是有点粗糙，对四位客户在产品设计（主要是家具、灯具、室内装饰品三大类）方面的品位，还没有吃得太准。

191

游乐场里的陀螺椅子

　　四位客户中，最高端的是英国巨富雅科布·罗斯柴德爵士（Lord Jacob Rothschild, 1936—　），爵士自己宫殿一样的城堡住宅外的荒原上有一栋好像体育场看台一样的"燧石屋"（the Flint House），里面家具平庸，因此请华生来帮他推荐一些前卫的家具、灯具、饰品。华生找了一车自己收藏的东西来，其中他重点推荐的一把用在"燧石居"户外的座椅就是西斯维克的"陀螺椅"，那个椅子"长得"像个巨大的陀螺，只有一个中心轴，坐在上面摇摇摆摆，好像随时要滚动似的，但并不会让人翻到下来。材料看上去像是陶瓷，其实是合成材料。高 65 厘米，直径 91 厘米，坐在它的圆形顶上，稍微晃动一下身体，"陀螺"就会滚动，对一般人来说这把椅子需要一种随时随地的平衡调整，有益健康，但对爵士来说则真是一个考验。纪录片中爵士在上面坐了一下，有点不太放心的样子，毕竟已是八十岁的人了，但是看得出他对这个设计很感兴趣。

我觉得这把椅子有点眼熟，查了一下记录，发现是在米兰的国际家具展（Salone Internazionale del Mobile in Milan）上曾经见过的，当时展品太多，一眼扫过，没有太注意，看了这部纪录片，顿时想了起来。其实这把椅子的设计，是一种跨界做法，我估计起源于"波普"运动时期的美国雕饰家克莱斯·奥登堡。奥登堡的设计套路是把小物件变大，比如将一把菜刀、一把泥工铲子做成几十米高，一张椅子做成四十米高；或者把原来硬的物件变软，比如用牛皮、塑料做军鼓，用塑料做成巨大"汉堡包"，看上去像是软塌塌的一堆。奥登堡是20世纪70年代波普雕塑最重要的人物之一，但他的设计一律没有实用功能，因为他坚守的是"艺术无用论"的底线。所谓"艺术无用论"，就是说艺术品不能具有实用功能，19世纪的法国诗人、艺术评论家西奥菲·高提耶（Theophile Gautier，1811—1872）曾说"一般来说，当一件物品变得有用，就不美了"（in general, when a thing becomes useful, it ceases to be beautiful）。这条划分艺术和设计的底线一直维持到20世纪80年代后期，才被一些前卫的设计师开始突破，令设计的产品同时具有强烈的艺术内涵。托马斯·西斯维克的这把"陀螺椅"就是典型范例。放到现代艺术史的大背景中去看，感觉就是一个实用版的奥登堡雕塑。

西斯维克大概是当今世界上最著名的英国设计师了。这个伦敦人言语不多，轻声细气，身上的艺术家气质远远强过企业家气质。他的设计从伦敦到纽约，从曼哈顿到硅谷，从奥运会到世博会，产品设计、家具设计都令人啧啧称奇。稍微留意一下，他的作品还真是随处可见，只不过多数人只惊叹了作品本身而没有注意设计师是谁而已。他的佳作不胜枚举：上海世博会上那个由成千上万根纤维管构成的，"长得"像一棵巨大的、迎风招展的蒲公英的英国馆，就是他的作品。2012年伦敦奥运会的"火炬锅"（the Olympic Cauldron），也是他的杰作。用205根修长的铜管构成一朵燃烧的花朵，可能是奥林匹克历史上最为壮观的一个火炬设计了。他的另一件著名的作品——2016年在

英国设计师　托马斯·西斯维克（Thomas Heatherwick，1970— ）

纽约曼哈顿的"哈德逊院"中的"哈德逊院船"（The Hudson Yards Vessel），也是一个跨越建筑、景观、艺术品的巨作。原则上这是一个公共装置，却又是一个巨大的景观建筑构造，2500 步旋转走上去，上面有 80 个观景平台，从四面八方穿越一个倒扣着的"篮子"看四周景观，这个"篮子"底座直径为 15.25 米，顶端约为 46 米，头大脚小，从底下走到顶端，要走上 1500 米，是一个惊人之作。他游走于建筑设计、景观设计、家具设计、产品设计之间，设计界很看好他的发展，已经有不少西方评论家称他为 21 世纪的查尔斯·伊姆斯，还有一些评论家形容他是"魔笛手"（Pied Piper，传说中吹着魔笛把城市的千千万万老鼠引出城、全部走入河中溺毙的神人）。

西斯维克本人却一直很低调，住在小小的家里，步行到自己的设计工作室，不论作品如何出名，他却依然当他的普通居家男人，育有一对可爱的双胞胎。他的祖母是纺织品设计师，母亲是珠宝设计师，想必带给他一些设计的基因。他在英国曼彻斯特理工学院（Manchester Polytechnic）读了三个学期设计，就动手给学院设计走廊了。之后径直去了伦敦的皇家艺术学院（Royal College of Art）继续攻读，遇到了第一位贵人——英国大设计师特伦斯·康兰爵士，让西斯维克把毕业设计做到自己家里去，自此一发不可收。18 岁出名，佳作接连不断，只是他依然是细声细气地讲话，谦虚有加，从不"好为人师"。在当今这个"大师""大咖""牛人"满地走的时代，他倒最为突出。

我前两天在一个展览上看见了这把"陀螺椅"，坐上去，摇摇晃晃了好一阵。想起一串这位"70 后"设计师的设计作品，颇有感觉，写在这里给大家看看。

39 椅子"她"和"他"
——调侃、逗趣、莞尔一笑

意大利设计师法比奥·诺文布雷（Fabio Novembre，1966— ）设计的塑料对椅"她"（Her）和"他"（Him），用高浮雕的方式塑造出男女的后背、屁股，和好像跪在地上似的双腿。如果男坐"他"椅、女坐"她"椅倒还好；万一坐反了，男士坐在"她"椅上，贴着滑顺的女性臀部和精致的腿脚，那就有几分滑稽、几分尴尬了。见到的人，不禁莞尔一笑，颇为调侃逗趣。

法比奥·诺文布雷（Fabio Novembre），是意大利著名建筑师、艺术总监、设计师，1966 年出生于意大利莱切（Lecce，Italy）。1992 年，他在米兰获得建筑学学位；1993 年曾在纽约大学研修电影导演专业。他认为，电影是一种能够让人内心爆发的艺术，可以让他更好地表达自己的想法和

椅子"她"和"他"

椅子"她"和"他"的组合

对生活的热爱。他希望能把学到的电影理论用到自己的设计上，让作品更具魅力。他一直将意大利著名导演费德里柯·费里尼（Federico Fellini, 1920—1993）作为他的精神导师。大概正因为他这种对叙事性创作媒体的兴趣，使他的作品每每呈现出独特的戏剧化效果。他常常用他的家具设计来讲述一些故事，主角往往是人类，"性"亦成为他不少作品的构想起点。

　　1994年，诺文布雷在米兰创办了自己的设计工作室，他曾经担任过以生产马赛克为主的意大利公司 Bisazza 的美术总监，通过为意大利和其他国家的许多餐厅、商店、夜总会设计室内，以及替 Cappellini、Driade 等著名品牌设计师具建立起声誉。近年

意大利设计师　法比奥·诺文布雷（Fabio Novembre，1966—）

来他设计的一系列以人体为蓝本的家具：如以侧卧女性人体为靠背的 "Divina" 躺椅
（2008）、以型男靓女的裸露人体作模的 "她" 和 "他" 靠椅（2009）、在米兰家具
展上推出的以巨大的人脸作靠背的 "涅莫"（Nemo，2010）座椅。这些略显另类的作品，
把他成功地带到了大众眼前。诺文布雷擅长在作品中融入流畅的人体曲线，尤其喜欢用
女性的裸体来表述他的创作灵感。他认为通过艺术的表现，在女性的裸体上可以寻觅到
神的痕迹。更何况，人体是世界性语汇，无论做到多么抽象和纯粹，都很容易被人理解。

　　诺文布雷是一位忙碌、高产的设计师，他设计建筑、设计室内、设计师具，还做雕
塑、做装置，设计展示厅、设计展览。从 2009 年开始，他的展览和装置设计年年不断，
2010 年一年之内就做了 7 个之多！其中包括他为上海世博会的意大利馆设计的米兰城
市装置。此外，他还在荷兰、德国、英国、俄国、巴西、美国、以色列、法国、比利时
等国讲学和组织工作坊，并连续出版了关于设计的多本著作。我自己算是一个时间抓得
比较紧，也总是处于忙碌状态的人了，但是看到他的工作成效，还是相当吃惊和钦佩。

　　在 CNN 的一次专访中，这位意大利设计师斩钉截铁地说道："说到底，重要的事
情是能让人们微笑——一件物品的终极作用正在于此。"（The important thing in the
end is to make people smile —— it's what objects should actually do）也许，这正是他的
设计受到那么多人喜欢的根本原因吧。

40 夏洛特椅子
——米兰蓝调

米兰是意大利著名的"设计师摇篮"，人们熟悉的好些杰出的意大利设计师，都是在米兰理工学院（Milan Polytechinic）毕业的。那座城市有种强烈的创作冲动，有种浓郁的艺术气氛，使那些富有才华的意大利青年得以被催化为优秀的设计人才。20世纪80年代，一批前卫青年在艾托尔·索扎斯的组织下成立了"孟菲斯"集团，在产品设计上打开了一条后现代主义的新路，迄今

夏洛特椅子

依然让人津津乐道。孟菲斯那种极夸张的色彩和非常态的造型，自然很能先声夺人，在任何一个展厅的所有展品中，它们一定会最先抓住你的视线，引起你的注意。这种聪明，甚至是狡黠，常让我感叹，但是也会觉得有些肤浅。倒是一些乍一看并不抢眼，可是越看越有看头的设计，往往令人赞不绝口、回味无穷。安东尼·希特里奥（Antonio Citterio, 1950— ）就是这样一位来自米兰的设计师。

我第一次见到他的设计，是在一位从事产品设计的美国朋友家里。阳台外有两把很

夏洛特椅子组合

轻盈的椅子，其实是很传统的钢管椅，但是比较矮，因此坐在上面很舒服。我因为自己个子不高，故而对家具设计的高矮一向都很敏感，而且，我发现即便是个子比较高的人，坐在相对矮一点的椅子上也舒服自在。尺寸比较低，势能就相对小，坐在上面会感觉稳当一点。那天去的朋友不算太多，椅子有的是，可那两把椅子上，从来就没有断过人。可见适当矮一点、低一点，是很容易讨好使用者的设计。当时问起这椅子是谁设计的，朋友说是意大利的希特里奥设计的夏洛特椅子（Charlotte Chair，2015），生产商是著名的意大利 B&B 公司。

中国的家具设计也好，室内设计也好，常有一种太高的毛病。室内设计的视觉焦点定得太高，坐在房间里好像给吊起来一样，很古怪。一张画，挂低一点感觉舒服，挂高了，好像悬在半空中，总得抬头仰望。室内的灯光设计，也都偏高，特别是坐下来的时

意大利设计师　安东尼·希特里奥（Antonio Citterio, 1950—　）

候，光线尤其刺眼。中国人并不是那么高大的人种，怎么就搞出这样的高度感觉呢？

希特里奥设计的椅子都很舒服，他在 1999 年设计的"自由时间"（Freetime sofa）沙发，2000 年设计的同一系列的长椅，都简单到几乎没有装饰元素的地步。但是却不走包豪斯的刻板道路，在色彩上、造型上做文章，在功能、理性和人情味之间找到很好的平衡点，单凭这一特色，已经让人十分佩服了。

任何设计，要走极端其实并不太难，难的是那种恰到好处的极致，而且还能够兼容。希特里奥设计了不少家具和灯具，都有一种工业化的张力在内，但却不刻意强调，次序是要素。除此之外，他仅仅让材料和色彩来表现，而不加任何过于理性的符号。例如，他在 2000 年设计的灯具 H—光线（H-Beam），"达多"沙发组合（Dado sofa），都是这类作品，很现代，也很有品位。

希特里奥 1950 年出生于意大利米达（Meda），在大名鼎鼎的米兰理工学院学习设计，早年与他人合作从事设计，到 1999 年才自己开业。20 世纪 80 年代，他已经两次获得过国际设计最高奖项——米兰设计三年展的"金罗盘"奖（Compasso d'Oro），在产品设计界的地位已经确立起来了。

41 "勒·柯布西耶四号躺椅"
——建筑大师的经典之作

一把优雅的镀铬钢管躺椅，圆弧形的支架，顶着上面优雅而舒适的蒙着带毛的三色牛皮坐垫，躺在上面看书，可以消磨整个下午时光，这把勒·柯布西耶（Le Corbusier）设计的躺椅是这个现代建筑大师的经典作品之一，而他的这把躺椅却同时使我想起一连串的旧事来了。

回到 1989 年，那一年开始，我在美国的艺术中心设计学院教书，所在的理论系有很多兼职的专家教授，大家在学校出出进进，在同一个餐厅吃饭，理论系的教员最多元化，史论、自然科学、人文科学方面的人多得很，大家开教员会议相识，如果谈得来就逐渐会成为朋友。那一年我在学院里认识了一对教心理学的教授夫妇，丈夫叫伯纳德·威尔索普（Bernard "Bernie" J.Virshup,

勒·柯布西耶四号躺椅

1925— 1993)，夫人叫艾芙琳·威尔索普。他们和我很投缘，经常在学院餐厅海阔天空地谈，相熟之后，他们邀请我周末到他们家里去坐坐。我当时是一个人在美国工作，周末可以说去就去，开车接近一个小时，到了他们家，是在洛杉矶西部的一个小城市——伍德兰希尔（Woodland Hill）。我开车进入他们家的车道，弯弯曲曲的树丛中，突然看见一栋有点面熟的宽大住宅，有些好奇，因此我进到屋里，和他们寒暄几句后，就问他们这栋住宅是谁设计的，他们说是美国建筑师弗兰克·莱特的儿子小弗兰克·莱特（Frank Lloyd Wright, Jr., 1890—1978）。我这才明白我会感觉面熟的原因是这座住宅的设计基因是来自莱特的"流水别墅"。

威尔索普是南加州大学（USC,University of Southern California）心理学系的教授，夫人是儿童心理学家，他们是犹太人，教育水平很高，在心理学界是知名学者。三个儿子都是成功的精英人物，他们夫妇特别喜欢现代设计，因此家里的家具基本都是名家设计，我到他们家里时，有一种像看一所设计博物馆的感觉，那些家具中就有勒·柯布西耶的这把躺椅。在他们书房靠窗的落地窗前面，是他们躺着看书的地方。外面是树林，小莱特的建筑、勒·柯布西耶的家具，非常融洽，一幅美好的图画，也是这把躺椅定格在我记忆中的形象了。

1928 至 1929 年，勒·柯布西耶与夏洛特·佩里安（Charlotte Perriand, 1903—1999）合作设计了许多家具，包括扶手椅，可调节的躺椅，他将牛皮垫子套在镀铬钢管围成的笼状结构之中，是一个很突出的手法。原来是专门给位于巴黎郊区阿佛莱（Ville-d'Avray）一栋叫罗切住宅（Maisons La Roche-Jeanneret）的房子设计的，住宅是柯布西耶在 1923 年至 1925 年设计的，他在三年之后再设计了三把钢管座椅，放到这个住宅内部，天衣无缝的吻合，从而开启了现代建筑和现代室内完整的配合，这些家具在 1929 年的巴黎秋季沙龙（Paris Salon d'automne）的一个示范公寓单位中，向公众展示。他设计的这个示范单位里面显示了他对于现代室内的构想，用模块化的房间隔板、储物墙，标准化的厨房和浴室设施，还有就是包括这把"勒·柯布西耶四号躺椅"在内的钢管家具，整个展览都反映了他认为房子是"一台居住的机器"的概念。这些家具至今仍

意大利设计师　勒·柯布西耶（ Le Corbusier, 1887—1965 ）

在继续生产和广泛使用。

勒·柯布西耶设计师具的团队开始是两个人，他为首，建筑师夏洛特·佩里安协助，之后他的堂兄皮埃尔·让那列特（Pierre Jeanneret）也参与。1928 年是勒·柯布西耶设计的一个转折点，因为这一年以前，在他设计的建筑项目中，都采用的是现成的家具，特别是桑纳（Thonet）公司制造的简单弯木家具。勒·柯布西耶在 1925 年出版的《艺术艺术》中定义了代表今日的现代家具应该有三个不同的设计元素：功能、家具类型、人体工学的原则，在这本书里面，他提出家具是人的肢体的延伸，家具设计应该满足类型需要、功能需要以及人体功能的需求。因此他称现代家具是人类肢体的"温顺的仆人"。让使用者舒适、自由，在风格上应该是"谨慎和谦虚"的。他说家具也是艺术品，因此也应该是悦目的、美观的。

这是我见到最早把家具设计的功能性、审美性讲得如此透彻的早期现代主义设计的说法。这个观念是 1925 年提出的，三年之后，也就是 1928 年，勒·柯布西耶和佩里安合作，推出了三把镀铬钢管钢座椅，其中就包括这把躺椅，法文叫"LC 4 Chaise longue"，发布在巴黎的罗切住宅和芭芭拉·亨利·丘吉尔的别墅（Pavilion for Barbara & Henry Church）中，成为设计的地标性经典作品。

这把躺椅推出来的时候，勒·柯布西耶感觉需要重新使得这些家具系列化，才能够对现代设计产生比较大的冲击，因此，他在 1929 年巴黎秋季沙龙的"家用设备"展览展出的家具系列，就是从重设计过的，用他的笔名 Le Corbusier 的首字母，称之为 LC 系列，包括 LC—1，LC—2，LC—3 和 LC—4，LC—1 叫巴斯克兰（Basculant），LC—2 叫"非常舒适的沙发"（Fauteuil grand confort, petitmodèle），是一个人坐的沙发，而 LC—3S 是"非常舒服的沙发"大号，可以坐 3 个人，之后就是这把舒适而优美的 LC—4 号躺椅，也称为 LC—4，"长椅"。LC—2 和 LC—3 通俗地被称为"小舒服沙发""大舒服沙发"。LC—4 号躺椅的钢管是黑色的，和其他几把家具的闪闪发光镀铬的表现完全不同，带毛的牛皮面，舒适而温暖，后来也推出了黑色牛皮垫的第二种选择，弧形优雅。1965 年意大利家具公司卡西纳（Cassina）出品了柯布西耶的全套家具，从 LC—1

到 LC—19，一共是 19 件，而这样才使得这把椅子让世人可以享有。

勒·柯布西耶在 1965 年的 8 月份在法国游泳的时候因为心脏病突发而去世，也就是他设计的家具在卡西纳公司刚刚推出的时候，令人颇为遗憾。

1990 年威尔索普夫妇要出门旅行，我当时客居洛杉矶，他们就建议我住在他们家里，帮忙看着房子，他们的书房三面墙都是书架，那个夏天，我在 LC—4 上面不知道看了多少书……